奇妙
动物大百科

［英］本·霍尔 著

［英］丹尼尔·朗 ［英］安吉拉·里扎 ［英］达尼埃拉·泰拉齐尼 绘

陈宇飞 译

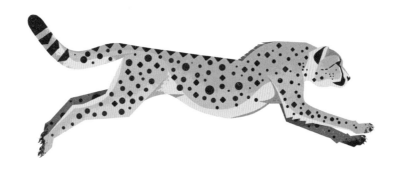

中信出版集团 | 北京

目录

须鲸

有的大翅鲸会在鱼群周围吹一圈泡泡，
让鱼更集中，方便自己一口吞下。

大翅鲸，
世界各地海域

须鲸一生都在蔚蓝的大海中游来游去。可是，作为哺乳动物的它们必须浮出水面才能呼吸。为了方便换气，它们干脆让"鼻孔"长在了头顶上。须鲸呼气的时候，从呼吸孔中喷出的水柱有房子那么高。

须鲸亚目动物，比如大翅鲸，都没有牙齿，而是长着许多长长的鲸须板组成的鲸须，它们会像筛子一样滤出水中的小鱼小虾。须鲸的大宝宝也会喝奶，一头新生的须鲸每天喝下的奶足够装满一个浴缸！须鲸亚目中的蓝鲸是现今最大的动物。

虎鲸

虎鲸，世界各地海域

据说，虎鲸可以在半睡半醒的状态下游泳，你可千万别学！
那时，它大脑的一侧在打盹，另一侧则保持清醒。

虎鲸是一种齿鲸，又叫逆戟鲸，因体形大而被称为鲸，但它们其实属于海豚科。哎，这分类真让人头大！这些背黑腹白、身手敏捷的猎人，一般都成群生活。许多虎鲸群专门捕鱼吃，但也有的猎食海豹、须鲸及其他海豚。有的时候，它们会故意掀起海浪，把浮冰上的海豹冲下海来吃掉。

虎鲸是非常健谈的动物，它们用哨声和咔嗒声来"说话"，不同海域的虎鲸，"口音"也不一样。在一个海洋公园里，有些虎鲸甚至学会了模仿人类说"哈罗"（Hello）和"拜拜"（Byebye）。越来越多的人认为，虎鲸应该在海洋中自由自在地生活，不该被囚禁在水族馆里。

大象

大象照镜子时可以认出自己来，
这一点只有很少的动物能做到！

人们说大象的记性好，能记住事。这句话千真万确！它们能记住其他大象的脸，哪怕好些年没见面也不会忘。大象灵活的长鼻子能像我们的一样闻气味和呼吸，我们却不能像它们那样用鼻子抓东西吃，吸水喝，挠痒痒，或者互相拥抱。它们甚至还能用鼻子往背上喷水，夏天时这是最惬意的降温方法了。

非洲草原象不仅是世界上最重的陆生哺乳动物，而且还长着世界上最大的象牙！在每个象群里，体格最大的母象都是老大。跟着这位彪悍的老大走，大家都能有吃有喝。

非洲草原象，非洲地区 *

————————————

* 这是物种所处的区域之一。

鳄鱼

湾鳄，
东南亚和澳大利亚地区

科学家认为，
有些鳄鱼可以活到100多岁，
而且它们活到老，长到老，
年纪越大，个头也越大。

那里漂着的是一根木头，

还是一只鳄鱼呢？你可千万要

看清，不然的话就可能成了鳄鱼

的盘中餐！鳄鱼潜伏在浑浊的水里，只

把眼睛和鼻孔露出水面。它们耐心地等待猎物走到水边，然后……啊呜！

从小鱼到大水牛，鳄鱼都能吃。传闻，鳄鱼吃东西时会流"泪"，人们原以为

这是瞎编的，但现在我们知道这其实是真的！不过据说，鳄鱼并不是因伤心

而落泪，而是因咬得太用力，挤压到盐腺，而把泪水都挤出来了，这能帮助

鳄鱼排除体内多余的盐分。

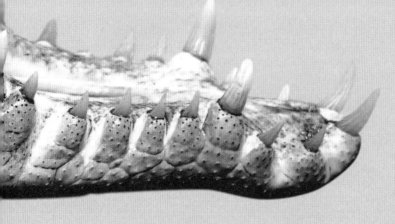

湾鳄是世界上现存最大的鳄目爬行

动物。鳄鱼看起来凶神恶煞，其实也有

温柔的一面，比如有的鳄鱼爸爸会

驮着宝宝到处走。

无沟双髻鲨，世界各地海域

鲨鱼

鲨鱼虽然有吃人的恶名，但是比起吃人，它们其实更爱吃鱼。实际上，与其说鲨鱼令人害怕，不如说鲨鱼令人惊奇：袖珍的灯笼乌鲨小到可以放在成年人的手上，还能在黑暗中发光；而巨大的鲸鲨却有卡车那么大，它们一般吃浮游生物和鱼虾。

双髻鲨科动物可以说是所有鲨鱼中长相最奇怪的，它们的脑袋大多是 T 字形的，每个脑袋两端各有一个眼睛和一个鼻孔！双髻鲨把脑袋左右摆动，用来感觉猎物的信号。猎物一旦被双髻鲨发现，基本就只有死路一条了——比如，其中的无沟双髻鲨有锋利的牙齿，三下五除二便能吃了它们！

很多鲨鱼终生都在不停地掉牙和长牙，一生要换掉几千颗牙。旧牙脱落后，新牙就会顶上来接替它们。

长颈鹿

长颈鹿从头到脚高约 6 米，是现今世界上最高的动物。它们可以轻而易举地看到二层楼高的风景！长颈鹿身上的每一个部位都是大号的，它的脚有盘子那么大，心脏的重量几乎是人类的 40 倍！有趣的是，牛椋鸟喜欢"住"在长颈鹿的皮毛上，寻找寄生虫吃。

长得高也有烦恼。比如喝水的时候，长颈鹿就不得不分开两腿，把脑袋压得低低的，才能喝得到地上的水。还有，站着生宝宝也是个技术活，由于妈妈太高，长颈鹿宝宝在出生时都得从大概两米高的地方"空降"下来。

长颈鹿，非洲地区

除了舌头长，
长颈鹿舌头和嘴唇上的皮肤还超级厚，
可以在多刺的金合欢树上卷叶子吃。

白犀，非洲南部地区

犀牛

犀牛的听力极好，它们用杯子状的耳朵来收集声音。

犀牛 英文名字（rhinoceros）的字面意思是鼻角。世界上的犀牛总共有 5 个种，有的无角，有的有一个角，有的有两个角。不幸的是，正因为犀牛角的存在，这种大型食草动物几乎被人类猎杀殆尽。有些人盲目相信犀牛角具有药用价值，可实际上它的主要成分就是角蛋白，这跟人类头发和指甲的一模一样，并无特殊功效。所以，你会在公益广告里看到公益大使啃指甲的举动，呼吁大家停止求购犀牛角的行为。

白犀是最大的一种犀牛，它们大多在非洲的大草原上自由自在地吃草。犀牛吃得很多，每天可以排泄超过 20 千克的粪便！每头犀牛的粪便气味都不同，所以它们可以通过粪便来相互传递信息。

河马

如果你是一头河马，一定会喜欢烂泥塘。因为在炙人的烈日之下，去泥塘里泡澡就是这种大块头避暑的最佳选择。河马的英文名字（hippopotamus）出自古希腊语，字面意思就是河里的马（river horse），不过，比起和马的亲缘关系，这种亲水的哺乳动物其实跟鲸和海豚的关系更近。

河马脾气暴躁。如果你打扰了一头河马，它会张开大嘴，秀出象牙似的大门牙表示警告。如果你真把它惹毛了，它会不顾一切地冲过来。所以说，你别看河马吃素，但它们其实是非洲最危险的动物之一！夜里温度降下来后，河马有时会成群结队地离开泥塘去吃草，活像一台台巨型割草机。

河马的汗是粉红色黏液，
可以起到防晒霜的效果。

河马，非洲地区

19

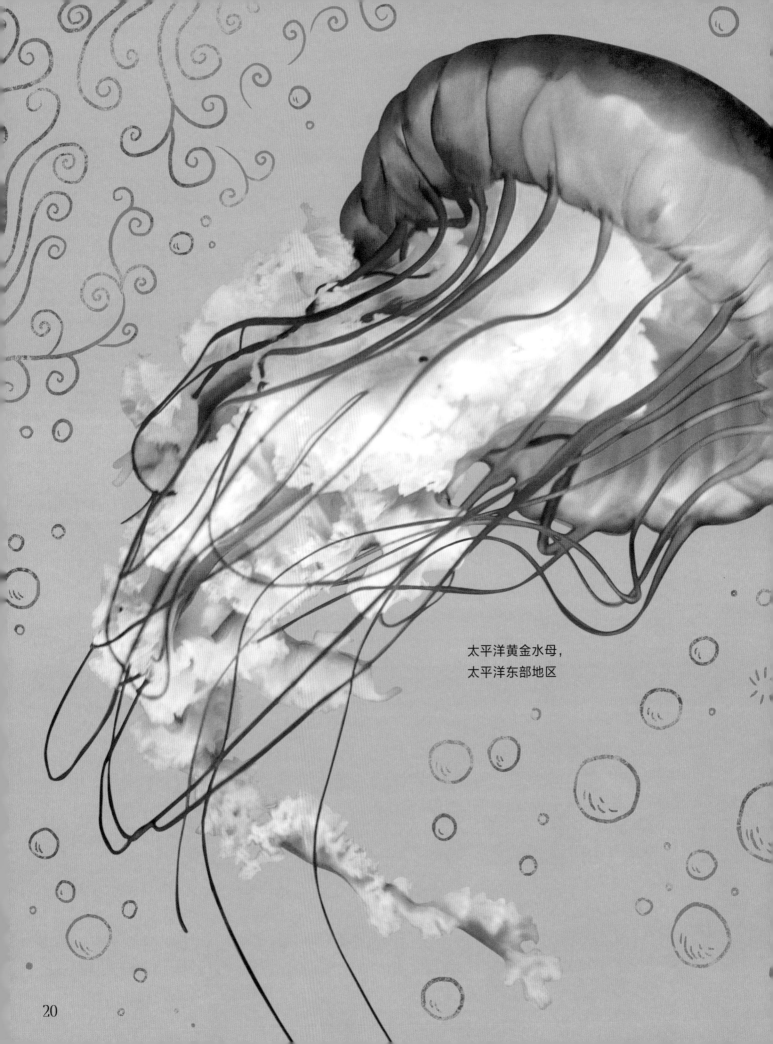

太平洋黄金水母，
太平洋东部地区

水母

水母随波逐流，洋流流向哪儿，它们就被带到哪儿。软绵绵的水母没有大脑，没有心脏，也没有骨骼，几乎完全是水做的。它们弧形的"脑袋"被称作伞部，伞部的下面垂着许多面条似的长长的"胳膊"，被称作触手。这些触手上面布满了毒刺胞，可以把鱼或浮游生物蜇晕。逮到猎物后，触手会将猎物拉入伞部内，送进伞部底隐藏的"嘴巴"享用。

水母固定在海床上后会生出水母宝宝。水母宝宝被释放出来后，一边漂浮流浪，一边逐渐长大，直到再次附着海床进行无性繁殖。在食物充足的条件下，水母会迅速繁殖，数量激增。这种现象被称为爆发。那时，一个集群内的水母数量甚至可以达到几十亿之多！

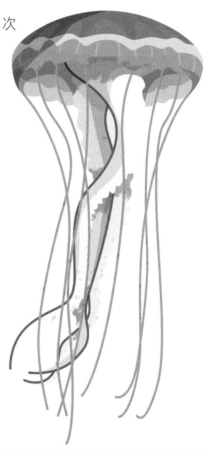

**太平洋黄金水母的触手
可以与巨鲉的体长比肩!**

眼镜王蛇，
东南亚地区

眼镜蛇

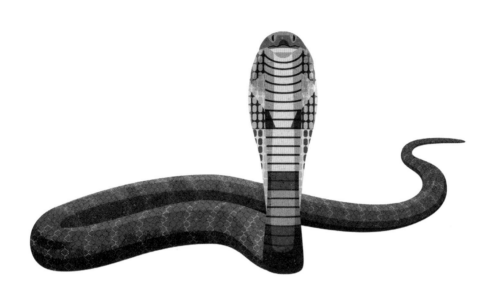

眼镜蛇科动物眼镜王蛇是毒性非常强的一种蛇，它的一口毒液，就足以毒杀 20 个人。对人类来说幸运的是，它们最爱吃的食物是其他的蛇。

眼镜王蛇也是世界上最长的毒蛇，一条眼镜王蛇的体长可相当于三个成年人的身高之和。不仅如此，它还有让自己显得更高大的"超能力"：它可以昂首挺身，摆出一副"站立"的姿态，同时吸气鼓肺，让脖子变粗，好像自己戴了一顶兜帽。站立的眼镜王蛇可高达 1.5 米！有的宗教传说中出现过一种名叫那迦的眼镜蛇，它有好几个脑袋，而且可以变成人。

**并不是所有的蛇都只会发出咝咝声——
眼镜王蛇会像发怒的狗一样低吼！**

老虎是一种亲水的动物，这一点跟有些猫科动物截然不同。老虎不但擅长游泳，而且喜欢在河流湖泊中玩水纳凉。

老虎

老虎是世界上最大、最强壮的猫科动物，常常在夜间独自狩猎。当老虎在高大的树木和摇曳的草丛间潜行时，它们那身条纹遍布的美丽毛皮就是完美的迷彩服。老虎借助皮毛的伪装，耐心地等待鹿或水牛经过。一旦猎物接近，它们就猛扑上去，咬住猎物的喉咙，直到对方死去。不过，老虎的捕猎大多数时候都以失败而告终——当老虎也不是那么轻松惬意的。

老虎曾经遍布于整个南亚的森林地区，但是人类的猎杀和对它们森林家园的破坏，使得这些猛兽已经沦落到了濒临灭绝的地步。如今，大多数野生虎生活在印度。在印度神话中，老虎有时会被描绘成女神杜尔伽的坐骑。

老虎，
东亚、南亚和东南亚地区

海豚

海豚是齿鲸亚目海豚科动物的统称，也是海洋中最爱出风头的动物。它们非常聪明，而且看起来总在玩耍。人们经常会看到它们跃出海面，或者跟航行的船只比肩。它们喜欢互相追逐，喜欢把海草顶在鼻子上玩杂耍。有的时候，它们还会在水下吹起大大的泡泡……总之，这些家伙真的很会玩！

瓶鼻海豚总是成群结队地活动。每个家族由 2~15 只海豚组成，假如其中一名成员受伤或生病了，其他成员都会帮助它。海豚靠声音来捕猎，它们发出咔嗒咔嗒的声音，声波触及其他物体后反弹回来，形成一幅关于周围环境的听觉图像。

据说为了捕鱼，一只海豚每秒可以发出 1000 次咔嗒声。

随着年龄增长，雄狮那圈鬃毛的范围会变得更宽，
颜色也会变得更深。

雌狮

雄狮

狮子

在许多书籍和电影里，狮子都是百兽之王。古埃及神话里有一位狮头人身的神，已知最古老的洞穴壁画上也有狮子的形象。狮子是群居动物，每个狮群的主要成员是雌狮和幼狮。据说，有时也会有一到三头外来的雄狮加入狮群，但它们通常只会待上几年。

雌狮比雄狮敏捷，所以雌狮负责组队狩猎。它们往往用埋伏的方式捕猎，其中一招是在猎物凑近水塘喝水时突然袭击。所有的狮子都会吼叫，而且能根据听到的不同吼声，来判断别的狮群有多大规模。

狮子，非洲和印度西部地区

海象，北极地区

海象

对海象来说，在北冰洋的冰块之间自由穿梭是小菜一碟。那里的海水冰冷刺骨，如果换作我们，很快就冻僵了。可是海象不怕，因为它们有皱巴巴的厚皮肤和厚厚的脂肪保温。海象是唯一长有獠牙的鳍足亚目动物，这种长长的獠牙可以钩住浮冰，帮助海象把硕大笨重的身体拖出水来。雄性海象还喜欢用獠牙打架，所以它们的皮肤表面经常点缀着各种旧伤口如刮痕。

根据北美洲因纽特人的传说，从前有一个名叫塞德娜的美丽姑娘被砍断了手指。她从兽皮船上落水后变成了海洋女神，她的手指则变成了海象等海洋哺乳动物。

海象能用粗壮的硬"胡须"，感知泥泞海床里的甲壳类动物。

据说，孔雀的尾屏是由将近 200 根长长的羽毛组成的。

孔雀

雄孔雀

雌孔雀

雄孔雀拥有华丽的尾屏。开屏的时候，它们一边把尾巴像扇子一样打开，一边俯下身子，轻轻抖动，让尾羽上那些酷似眼睛的斑点随着角度变化微微反光。这是为了吸引雌孔雀的注意，谁的尾屏最大、最靓丽，雌孔雀就选谁做配偶。不过，拖着这条可长达 1.6 米的尾巴，想飞的话就不太方便了。

雄性蓝孔雀的羽色为蓝绿两色，雌性蓝孔雀的基本只有棕色。偶尔也会有生来羽毛全白的孔雀。孔雀虽然外表优雅，但其实也挺聒噪的，有些雄孔雀就喜欢在半夜扯着嗓子发出啊啊的叫声。

蓝孔雀，南亚地区

骆驼

骆驼的背上有鼓包，也就是驼峰。只有一个鼓包的叫单峰驼，或者阿拉伯骆驼；有两个鼓包的叫双峰驼。无论是单峰驼还是双峰驼，都是在荒漠地区极端条件下生存的大师。它们的驼峰可以储存脂肪，能在缺少食物的时候为它们提供能量；宽大的脚掌可以分散重量，防止它们陷入柔软的沙地之中；长长的睫毛和能够闭合的鼻孔，则可以阻止飞沙进入眼睛和鼻子。

数千年来，单峰驼一直在驮着人员和物资穿越酷热的荒漠。不过有时，它们也会使点小性子，比如一言不合就朝你吐口水！所以要注意哟！

一头骆驼只用 10 分钟就能
喝下 100 升的水，这相当于
每两秒钟喝光一杯水！

单峰驼，
非洲北部
和阿拉伯半岛地区

驼鹿

驼鹿，
北美洲、欧洲
和亚洲北部地区

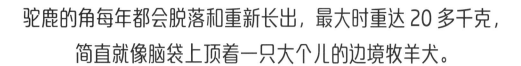

驼鹿的角每年都会脱落和重新长出，最大时重达 20 多千克，
简直就像脑袋上顶着一只大个儿的边境牧羊犬。

驼鹿下巴下面的那个"吊袋"，就是它的颔囊。在我们看来，那一坨松松垮垮的肉实在古怪，可是对雌性驼鹿来说，那可是雄性魅力的标志。正因如此，雄性驼鹿时不时会甩一甩下巴来耍帅。此外，它们还会炫耀自己巨大的鹿角。鹿角是一种骨质组织，每年都会进行令人惊奇的新旧更替。新的鹿角在夏天前后长出，旧的鹿角在冬天前后脱落。

驼鹿是世界上体形最大的鹿科动物。它们平时吃树叶和水生植物，到了冬天则以吃嫩枝为主。没错，就是那些清脆可口的小嫩枝！驼鹿是游泳好手，夏天的时候喜欢在湖泊里泡澡。熊和狼是驼鹿的主要天敌，遇到袭击时，有的驼鹿会用尖利的蹄子踹走它们。

想象一下，鼻子跟网球拍

一样长是什么样子？剑鱼的"长喙"，

就有那么长。它其实是由上颌骨的一部分

和鼻骨组成的，前端像剑一样尖锐。剑作为杀

死猎物的武器不稀奇，但剑鱼对"剑"的用法却

有些奇特：剑鱼不是用剑尖来刺小鱼，而是用锐利的

剑锋来削它们……更令人惊讶的是，这条可怕的怪鱼没有

牙齿，所以猎物都是被整个吞下去的！

剑鱼身上的一个特殊系统，能让它们的眼睛和"脑"在冷水中保持

温暖。这有助于它们进行观察和觅食。金枪鱼和鱿鱼是剑鱼爱吃的零食。

剑鱼

成年剑鱼少有天敌，
只有虎鲸这样特别敏捷的猎手
才会试着猎捕它们。

剑鱼，世界各地海域

一头北极熊有时一餐可以吃掉 45 千克的海豹肉，
有时也可以连续 6 个月几乎什么都不吃。

北极熊，
北极地区

北极熊

北极熊是大块头。它们的体重可重达 800 千克，巨大的四肢踩出的脚掌印，个个都比餐盘还大。全身超级厚实的"毛大衣"，使它们在寒冷的北极家园也能感到暖洋洋的。北极熊的毛看起来像雪一样白，实际上却是透明的！之所以呈现出白色，是因为反光。毛下面的皮肤是黑色的，这样可以更好地吸收阳光，保持体温。

为了抓海豹吃，北极熊可以在雪地中匍匐潜行，也可以在刺骨的海水里连续游上好几天。它们用鼻子嗅探冰面下隐藏的海豹窝。一旦发现目标，北极熊就得趁海豹溜走之前赶紧把它抓住。

不管你多能跑，都不是鸵鸟的对手！短距离冲刺时，鸵鸟的速度可以达到每小时 70 千米。这些毛茸茸的大鸟是世界上现存最高、最重的鸟类动物。它们不会飞，反而经常迈开两腿在非洲的稀树草原和荒漠中奔跑。

雌性鸵鸟是棕色的，雄性鸵鸟却有黑白两色的羽毛，有时"脖子"和"腿"是鲜艳的粉红色。雄性鸵鸟会蹲下身子、扇动翅膀，来吸引雌性的注意。如果对方喜欢它，就会在它事先搭好的巢里下蛋。人们曾经以为，鸵鸟受到惊吓时会把脑袋埋进沙里。其实，那只是谣传，不是真的！

鸵鸟

鸵鸟蛋不是一般的重，
有的都相当于 24 个鸡蛋的重量！

鸵鸟，非洲地区

美洲狮

美洲狮不会吼叫，只会像宠物猫一样发出呼噜声。

美洲狮也叫山猫或者美洲金猫，是一种神出鬼没的猫科动物。它们的栖息地多种多样，有山区，有森林，有荒漠，也有沼泽。尽管如此，人们却很少看见它们的身影，只能偶尔在隐藏的摄像头里看到它们。有一次，美国加利福尼亚州的一个摄像头，甚至拍到一头美洲狮从洛杉矶市举世闻名的好莱坞标志牌旁走过！

美洲狮在美洲的历史上占据着特殊地位，曾经出现在许多美洲原住民和南美洲的早期故事与艺术品中。不幸的是，这些美丽的动物因皮毛名贵，而遭到了人类的猎杀。如今，美洲狮在它们栖息的大多数国家里都成了保护动物。

美洲狮，北美洲和南美洲地区

斑马

斑马是黑底白条，还是白底黑条的呢？其实，斑马的条纹是黑白两色的，条纹下的皮肤是黑色的。就像每个条形码都是独一无二的一样，每匹斑马身上的花纹也各不相同。人们原以为，斑马的条纹可以起到伪装的作用，帮它们躲避食肉动物的猎捕；不过现在也有研究表明，黑白相间的条纹可能有助于防止马蝇叮咬——因为马蝇不会咬黑色的条纹区域。

斑马大多生活在非洲广阔的稀树草原上。非洲南部桑族人的一个传说讲述了斑马条纹的来历：斑马原本全身都是白色的，后来因为掉进火里，所以才留下一条条烧伤的痕迹。

斑马的蹄子其实是特大的脚趾甲！

平原斑马，非洲东部和南部地区

袋鼠

在澳大利亚，袋鼠的数量是人口的两倍。这些蹦蹦跳跳的家伙生活在酷热的荒漠和干燥的草原中。它们的耐受力很强，可以接连好几天滴水不进。红大袋鼠是最大的一种袋鼠，它们强劲的"后腿"能像弹簧一样让它们一次跳出九米远，粗壮的尾巴则能帮助它们在落地时站稳。

袋鼠是有袋目动物，也是胎生哺乳动物。为了平安度过孕育哺乳期，每只袋鼠宝宝都得在妈妈肚子上的袋囊里住上八个月，才能下地自由活动。

红大袋鼠，
澳大利亚地区

为了降温，袋鼠会把自己的"胳膊"舔湿。

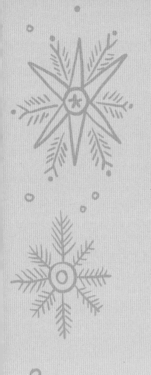

雪豹灰白的皮毛上黑斑和黑环密布，
可以帮它们在白雪和岩石之中来无影，去无踪。

喜马拉雅山区素有"山中幽灵"的传说，而所谓幽灵其实就是雪豹。
由于这种神出鬼没的大型猫科动物生活在世界上海拔最高的群峰之间，所以
人们很难一窥它们的尊容。

那里的温度可以低到零下 40 摄氏度。不过，雪豹生来就适应极端寒冷
的气候。它们既有满身加厚的皮毛保温，又能用粗粗的尾巴当围巾，把自己
裹起来。为了不让自己饿肚子，雪豹必须在广阔的山区中到处找吃的。绵
羊或山羊是雪豹喜爱的猎物，可是在陡峭的山坡上逮它们可是个技
术活，好在雪豹拥有宽大的脚掌，可以在结冰的岩石上站稳
抓牢。

雪豹

雪豹，中亚地区

蚺

在南美洲的亚马孙雨林深处，你会看到翡翠树蚺盘踞在粗壮的树枝上面。这种蚺从树上垂下脑袋，守株待兔，可以一等就是好几个小时。老鼠和蝙蝠都在它们的菜单上。不是所有的蛇都有毒，蚺就是靠挤压来制服猎物的。美餐送上门时，蚺首先会咬住对方，然后用长长的身体死死缠住它，直到猎物的血液停止流动为止。为了把食物整个吞下，蚺的口可以张大到十分夸张的程度。翡翠树蚺的口周围有一圈神秘的小凹槽，那是热感应颊窝。所以就算是漆黑一片，它们也能感知到周围动物的体温。

**翡翠树蚺的幼蛇可能是鲜橙色或红色的，
直到一岁大时才变成绿色的。**

**翡翠树蚺，
南美洲地区**

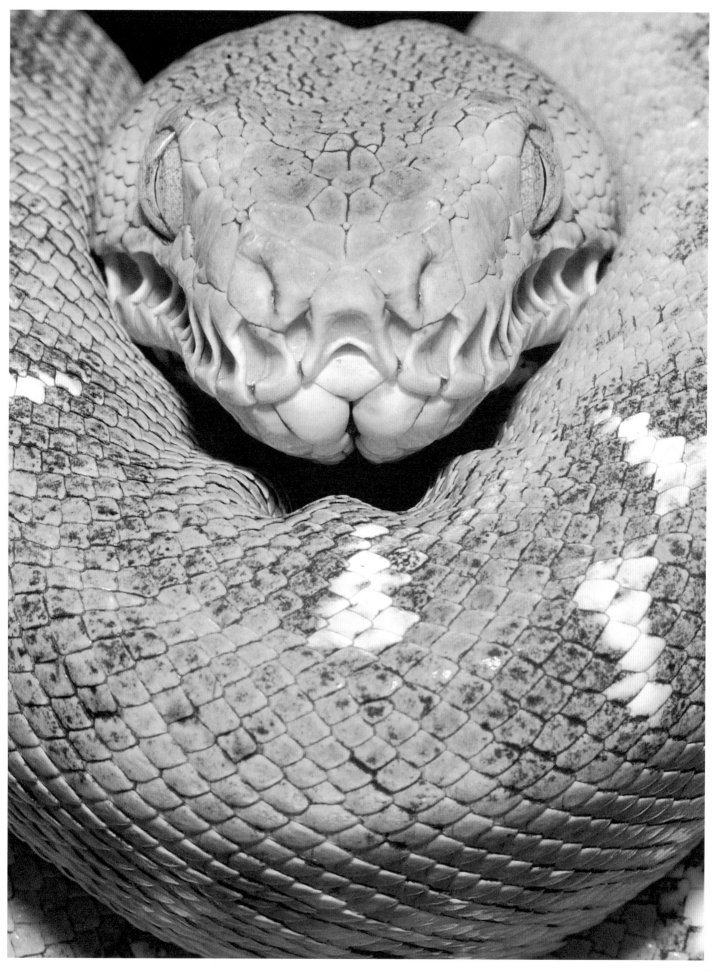

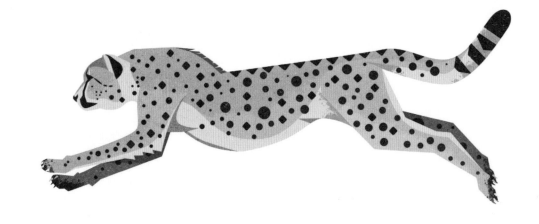

猎豹

猎豹就是为速度而生的。轻盈的骨骼让它们身轻如燕，大块的肌肉让它们四肢强健，锋利的爪子像足球鞋的鞋钉那样牢牢抓地，让它们的身体保持稳定。凭借这些，猎豹可以跑出每小时 120 千米的最高速度，是奔跑速度最快的哺乳动物。在大多数公路上，这可是要吃超速罚单的！

飞奔捕猎的猎豹很快就会累得燥热难耐，气喘吁吁，如果一分钟之内没有逮到猎物，它们就只能放弃。年轻的雄性猎豹往往选择合作捕猎。由于高高的草丛让猎手们很难看清彼此，所以它们就用汪汪的吼叫和类似鸟鸣的啾啾声来协调联络。捕猎成功后，它们会一起分享大餐，然后用蹭脑袋、互相舔的方式来增进感情。

猎豹的脊柱十分柔韧，
有助于它们把四肢迈得很开，跑得很快。

猎豹，非洲地区

一只大食蚁兽有时一天能逮 3.5 万只白蚁。

食蚁兽

什么动物不需要牙齿？答案是食蚁兽。因为它们最爱吃的食物是小小的白蚁和蚂蚁，哪怕没有牙齿也能轻轻松松地吞进肚子。不过，在那之前，它们还得先逮住这些美味的小点心才行。捕食的时候，大食蚁兽会用又长又弯的强健爪子在白蚁巢上挖一个洞，然后把细长的舌头伸进去，用每分钟 150 下的速度进进出出。面对食蚁兽黏黏的唾液和舌面的小刺，洞里的小虫根本无路可逃。

趾甲这么长，走路自然不方便，所以食蚁兽用指关节和弯曲的趾来行走！如果走累了，它们就把毛茸茸的大尾巴像毛毯一样裹在身上，好好休息一会儿。

驯鹿

寒冷的北极虽然很少有动物生活，但那片冰雪世界却是驯鹿的家园。驯鹿大多成群生活，似乎怎么也安定不下来。它们总是为了找新鲜的植物吃而长途跋涉，这种行为叫迁徙。俄罗斯和北欧的人们驯化驯鹿来拉雪橇，有时也会为了收获鹿肉和鹿皮而专门去养殖它们。北美洲的驯鹿叫北美驯鹿，它们比其他地区的驯鹿更具有野性，也更加怕人。

驯鹿长着宽大的蹄子，即使把雪地踩得嘎吱作响也不会陷下去。它们走路发出的嗒嗒声也挺大的，所以你一听就知道它们来了。

驯鹿，
北美洲、欧洲北部
和亚洲北部地区

大多数种类的鹿只有雄性
才长鹿角，可驯鹿无论
雌雄都长。

59

魟鱼

等 等……海床上是不是有双眼睛在盯着你？那是魟鱼的眼睛，往往也是它们身上唯一能被人发现的部分。为什么呢？因为魟鱼有着煎饼一样扁平的圆形身体，而且喜欢藏在沙里，只露出眼睛。魟鱼长长的尾巴上有一到三根充满毒液的毒刺。不过，它们通常不会蜇人，除非你不小心踩到它们了！

蓝斑条尾魟捕食小鱼和螃蟹。这种魟鱼可以感知到猎物的肌肉运动产生的微弱信号。也就是说，哪怕猎物藏得再好，也能被它们找出来。

蓝斑条尾魟，
印度洋和太平洋地区

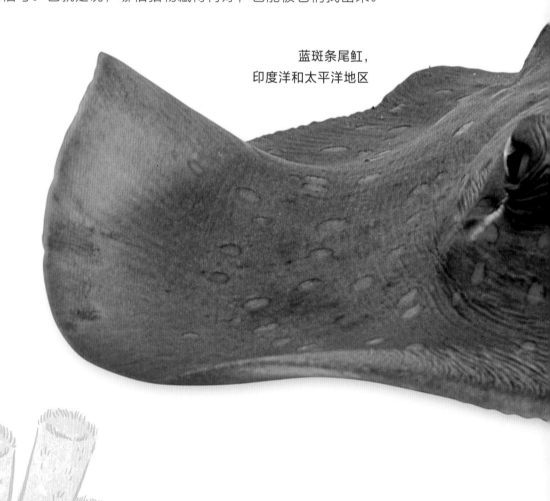

虹鱼的嘴巴藏在身体底面，
里面布满了可以碾碎食物的牙齿。

非洲野犬

非洲野犬，非洲地区

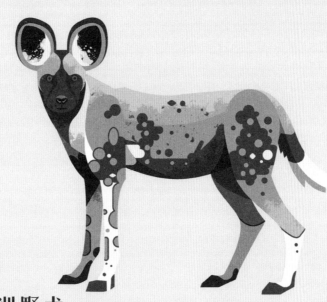

非洲野犬成群生活，无论做什么都集体行动。成员之间喜欢亲昵地互相舔舐，用口哨声和高亢的叫声保持联络。最有意思的是，它们竟然靠打喷嚏来投票决定要不要出去打猎——只要群里打喷嚏的成员达到一定数量，大家就出发！非洲野犬会合作猎杀羚羊这样的大型动物，一支狩猎队大约有 30 名成员。它们气势汹汹地追逐猎物，扬起漫天尘土。为了防止猎物逃跑，猎手们会分头行动，截断猎物所有的退路。

在大型野犬群里，几乎只有最顶尖的雌性领袖才有权生育后代，它一胎可以产下 2~20 只幼崽。野犬宝宝诞生后，整个野犬群都会守护它们，并且会把猎物的肉撕烂，方便它们吃。

非洲野犬也叫杂色狼，这是因为它们的皮毛会呈现出不规则的斑纹。

63

大熊猫

大熊猫宝宝出生时，身体是粉红色的，几乎没有毛。
大约三周后，它们才会长出黑白相间的"毛外套"。

如果你去中国凉爽湿润的高山地带走走，说不定会看到大熊猫的可爱身影。由于这种动物最爱吃竹子，所以有些地方的人们也会叫它们竹熊。竹子大多是长得很高的禾本植物，对大熊猫具有不可抗拒的诱惑力。每天大约一半的时间里，大熊猫不是坐就是吃竹子。它们的前掌上有一块特殊的腕骨，能像人的拇指一样帮助它们握住东西，尤其是竹子的茎。

大熊猫是享誉世界的动物明星，这是因为它们憨态可掬而且现存的野生数量十分稀少。为了挽救这个濒临灭绝的物种，中国建立了多个大熊猫人工繁育基地，并且成功培育出了许多大熊猫宝宝。有些繁育基地的工作人员和大熊猫宝宝接触时会扮成大熊猫的样子，以免它们变得过于适应人类，丧失野性。

大熊猫，
中国地区

狼

嗷——相传，狼会对着月亮长啸，可实际情况并不是这样的。它们的确会在日落后嚎叫，但这只是因为它们在夜晚期间最活跃。狼是群居动物，如果群里有一匹狼嚎叫，其他成员也都会跟着响应。除了叫声和气味，狼还会用肢体语言来交流。如果你是狼群的老大，你可以立着耳朵，翘着尾巴；如果你是小弟，就只能压低身段，放平耳朵，把尾巴夹好。

古代维京人的神话里有匹名叫芬尼尔的巨狼。这匹狼凶猛无比，众神动用了一条魔法锁链才把它困住。

灰狼，
北美洲、欧洲、
亚洲和北极地区

狗的祖先是几万年前被人类驯化的狼，
所以现在就连最娇小的宠物狗也有狼的基因。

就像每个人的指纹各不相同一样，
每头大猩猩的指纹和"鼻纹"也不同！

西部大猩猩，
非洲中部地区

大猩猩

大猩猩是非洲的"温和巨人",也是灵长目动物中体形最大的一种。这些大型类人猿基本是植食性动物,主要吃植物的叶子和果实。一头成年大猩猩一天可能会吃掉重达 30 千克的植物!它们排出的粪便里会有这些植物的种子,能够帮助植物传播播种,这么一来,许多树木的繁衍都离不开它们。

每个大猩猩家族都由一头壮硕的雄性领导。雄性的背毛一般会在 12 岁之后变为银灰色,所以有的雄性大猩猩也被称作银背大猩猩。银背大猩猩肌肉发达,头顶上有一个骨质的大鼓包。生气的时候,它会双手捶胸,或者拿身边的植物撒气。大猩猩之间很少打架。它们的小宝宝喜欢被妈妈和阿姨们抱抱,还喜欢玩"骑马游戏"。

奶蛇

有时，体形较大的奶蛇
会捕食体形较小的奶蛇，
并把对方活活地整吞下去。

奶蛇，北美洲和南美洲地区

人们曾经误以为，这种披着艳丽条纹的蛇会缠在牛身上喝奶。后来误会虽然澄清了，但"奶蛇"这个俗名还是留存了下来。实际上奶蛇不喝牛奶，而是吃蜥蜴、大白鼠和小鼠。它们在草丛中溜来溜去，时不时伸出舌头来收集气味，借此判断猎物的准确方位。

即便没有毒液，这种蛇也有自己防身的妙招：它们的身体大多呈现出红、黑、白三色相间的花纹，看起来就跟致命的毒蛇珊瑚蛇一样。其他动物一见这身打扮，便以为奶蛇毒性很强，不敢招惹。

海豹

竖琴海豹之所以叫这个名字，
是因为雄性竖琴海豹背上的花纹看起来有点像竖琴。

竖琴海豹诞生于极寒的北冰洋浮冰上，一出生就要直面生存的考验。好在每只海豹宝宝都有一身白色的"大外套"来保暖。海豹妈妈的乳汁和奶油一样油腻，可以帮助海豹宝宝形成一层厚厚的皮下脂肪。出生三个星期之后，小海豹的胎毛就褪掉了。

所有的海豹都要上岸或上冰繁殖。在冰面上，它们不能行走，只能肚子贴地，借助鳍状的前肢来笨拙地蠕动。不过，一旦下海，海豹鳍状的脚蹼和光滑的皮毛，就会使它们成为快速而高雅的游泳者，灵活地在北冰洋里畅游。在北欧的神话中，名叫塞尔基的海豹怪物会幻化成人类。

竖琴海豹，
北冰洋地区

绵羊可以辨认 50 个其他同类的脸。
这个技能对于在大集体里生活的它们来说非常重要！

羊

早在一万多年以前，亚洲的人类便已经开始养羊了。如今，世界各地的农场里饲养的绵羊总数已经超过了 10 亿。不过，野生绵羊就另当别论了。它们往往生活在地球上自然条件最恶劣的地带，比如高耸的山峰上和炽热的荒漠中。大角羊是生活在北美洲山区的物种，雄性和雌性都长角，但雄性的角明显更大、更弯。这也难怪，毕竟羊角是公羊用来决斗的武器嘛！

羊是中国的十二生肖之一，据说属羊的人都很和善。

大角羊，
北美洲西部地区

海獭

海獭睡觉前会用海草把自己缠在原地，
以免睡着后漂到别处。

很少有其他动物的泳姿能和水獭的相媲美，因为水獭既有肌肉发达的长尾又有带蹼的脚，有了这些提供强大动力的"装备"之后，它还拥有一身光滑的皮毛，可以让它们在水中畅游无阻。水獭在捕鱼方面的才能也令人震惊，它们能用长长的"胡须"感知周围的鱼，哪怕在幽暗的水中也能对情况了如指掌。

水獭和海獭都属于鼬科动物，水獭大多在河流和湖泊中捕猎，海獭则在太平洋寒冷的海岸地带生活。它们可以说是世界上最毛茸茸的动物，那身厚厚的皮毛既能帮它们保暖，又能帮它们仰卧在水面上——没错，海獭睡觉时就是这个姿势！海獭喜欢吃多刺的海胆和脆脆的螃蟹，而且会挑一块自己最喜欢的石头来砸开坚硬的蟹壳。

海獭，
太平洋北部地区

77

海鬣蜥

海鬣蜥，
南美洲科隆群岛地区

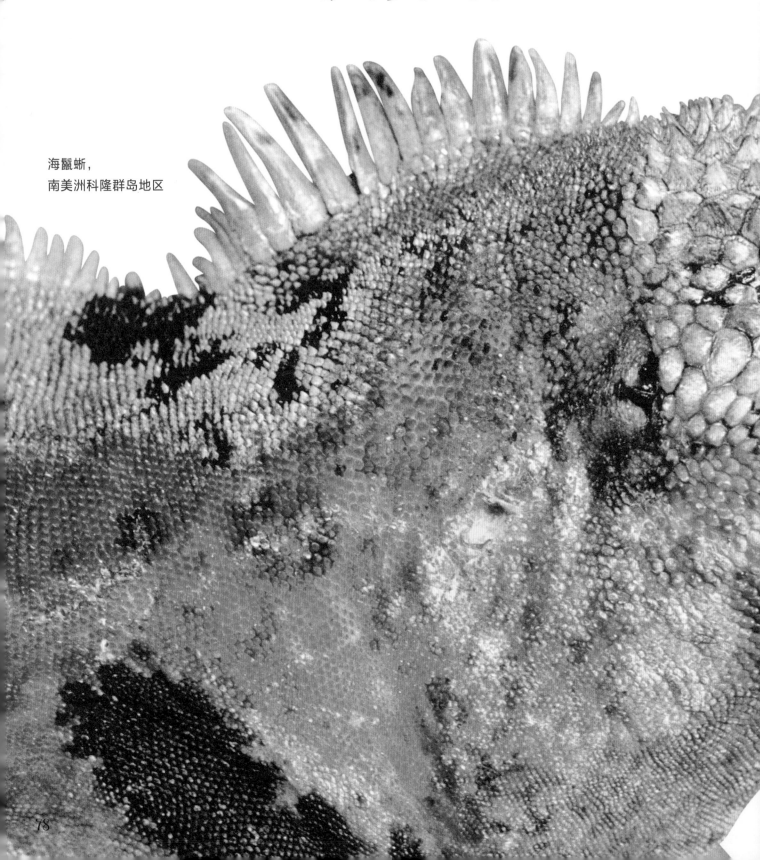

瞧，这种鬣蜥看起来是不是很像恐龙？鬣蜥有着带棘刺的鳞片和锋利的爪子，看起来着实凶神恶煞。大多数鬣蜥生活在炎热的森林和荒漠地区，可海鬣蜥却偏偏在海边安家，和大多的蜥蜴目动物截然不同。

海鬣蜥是科隆群岛（位于厄瓜多尔本土附近）独有的物种，以海藻为食。为了享用这种非同寻常的食物，它们必须等退潮时爬到滑溜溜的礁石上取食。个头大的海鬣蜥则干脆潜入水中，一边摆着尾巴游泳，一边食用海浪下的海藻。它们进食时会喝下不少海水，之后要用"打喷嚏"的方式把多余的盐分排出来！

每个岛上的海鬣蜥颜色各不相同。西班牙岛上的海鬣蜥长着红绿两色的鳞片，是其中最艳丽的一种。

婆罗洲猩猩，
东南亚婆罗洲（印度尼
西亚称加里曼丹）地区

猩猩

动物园里的猩猩学会了模仿人类，
它们甚至会锯木头和锤钉子！

Orangutan 是猩猩的马来语名称，意思是森林中的人。这个名字十分贴切，因为这些红毛的类人猿简直离不开树冠。它们用长长的胳膊在树上荡来荡去，到处找成熟的水果吃。下雨的时候，它们在头顶上举起大大的树叶当伞。几乎每天夜里，它们都要把树枝掰弯，用树叶搭新的小窝来睡觉。

猩猩大多独居，但是猩猩妈妈无论到哪儿去都和宝宝形影不离，而且每天晚上都和宝宝睡在同一个窝里，直到宝宝长大。这种生活一过就是八年。较大的雄性猩猩更多的时候则在森林地面上活动。只要看到脸颊上独树一帜的两块大肉垫，你就知道它们是雄性的了。

狼獾

饥饿的狼獾真是饥不择食，
它们连猎物的皮肤和骨头都会吞下去！

狼獾，
北美洲、欧洲和亚洲地区

北极地区十分寒冷，但性情凶猛的狼獾，却能在森林中欢蹦乱跳，如鱼得水。和许多哺乳动物一样，它们也穿着两层"皮毛大衣"。外面那层有很长的毛，能够抗寒防冻；里面那层超级柔软，也超级厚实。此外，狼獾脚上的毛也特别丰富，简直就像穿了雪地靴。

狼獾不仅身体强壮，还有一张能够咬碎骨头和冻肉的大嘴。这大有用处，因为狼獾喜欢把没吃完的食物埋进雪里冻住，以备不时之需。狼獾几乎什么都吃，比如小鼠、鹿、鸟蛋和浆果，甚至连其他肉食动物的剩菜剩饭也不放过！

红鹳在巨型的水上育儿场里照顾幼鸟。
就拿非洲的一种小红鹳来说，
它们育儿场里的幼鸟数量甚至可以达到 30 万只。

智利红鹳，
南美洲地区

红鹳

你最爱吃的食物是什么颜色的？红鹳因为每天都吃粉红色的小虾，竟然变成了粉红色！当然，它们也会吃水藻。红鹳拥有一身艳丽的羽毛，所以有的时候大家也叫它们"火烈鸟"。古埃及的象形文字就用红鹳的形象来表示红色这个词，它们甚至因此被古埃及人视为太阳鸟以及太阳神的化身。

如果你在南美洲安第斯山脉的浅水湖里看到一片如林的大长腿，那很有可能是一群智利红鹳站在水中。这种鸟喜欢组大团一起繁殖。一切就绪后，它们就用黏黏的褐色泥巴搭建一个个形状像火山的巢，然后在巢顶产下一个个蛋。宝宝孵化后，红鹳爸爸和妈妈会把喉咙里产生的"奶"喂给毛茸茸的小家伙。对了，就连"奶"也是粉红色的！

章鱼拥有蓝色的血液和三个心脏。
游动的时候，其中一个心脏会停止跳动。

普通章鱼，
世界各地海域

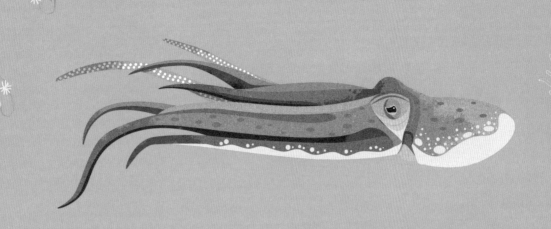

章鱼

想象一下，如果你也像章鱼一样长着八条胳膊是什么感觉？章鱼的八条"胳膊"既能用来在海床上爬行，也能用来缠绕岩石。每条"胳膊"上都分布着 200 多个白色的吸盘，这些吸盘有味觉和触觉，还能像强力胶那样粘住东西。章鱼的游动方式十分特别，它们有时就像放了气儿的气球——先在柔软的身体中吸满海水，然后猛地喷射出来，推动身体飞速前进。

章鱼是海洋中最聪明的几种动物之一：它们大多会用石头来做盔甲，在被囚禁的情况下它们还能逃出迷宫。北欧的水手们曾讲过很多关于巨大的、像章鱼一样的海怪故事，这些巨怪总是会使船只沉没。

小熊猫将近 90% 的食物都是竹类的，
它们尤其偏爱春笋。

小熊猫

小熊猫的模样可爱极了。它们的脸像泰迪熊，全身上下毛茸茸的，还有一条蓬蓬的大尾巴。那么问题来了，这些小家伙到底是熊猫还是熊呢？其实都不是！科学家们把小熊猫单独归为一类。不过，你要是觉得它们看起来像红色的浣熊，也不算离谱——小熊猫的确是浣熊的近亲。

小熊猫的家乡是亚洲的山林。在那里，你能听见它们叽叽喳喳，或者发出像猪又像鸭的哼哼声。它们可以借助长长的尾巴在树枝上保持平衡，而且还有一套飞檐走壁的绝技：用转动脚踝控制下爬的动作，然后大头朝下地从树上爬下来！

小熊猫，中国西南部地区

河狸

如果你发现倒下的树上有咬痕，那就说明附近可能有河狸出没。河狸橙色的门牙非常锋利，是啃木头的理想工具。它们既吃木头，也用木头造东西。每个河狸家族都是杰出的施工队：它们会把树枝横放在小溪流中，再往缝隙间填上泥巴，搭成水坝。流水被水坝拦住后，便成了它们戏水的泳池。河狸的尾巴像船桨一样，脚趾间有蹼，所以它们游起泳来毫不费力。

接着，河狸一家会在近水处搭建一个自带多个水下秘密入口的巢穴。如果一只河狸发现有危险，它会用尾巴搅水来报警。其他河狸一听见水声，便会第一时间游进巢穴躲避。

河狸的门牙一辈子都在生长！不过，老是啃这啃那，
磨损得也快，所以长度总是维持在一定的范围内。

美洲河狸，北美洲地区

海龟

据说，温度较高时，海龟蛋更有可能孵化出雌性宝宝；
温度较低时，海龟蛋更有可能孵化出雄性宝宝。
但这一说法并未获得广泛认可。

绿海龟，
热带大西洋、太平洋和印度洋地区

海龟拥有平滑的龟壳和长长的桨状肢，天生就是游泳好手。它们在

大洋中巡游时，往往会跨越很远的距离，有时追逐水母、虾和螃蟹来吃，

有时在海床上的水下草场挖海草来吃。海龟为什么也叫绿海龟？因为它们

的脂肪是绿色的！

雌性海龟会返回自己出生的海滩产卵。它们趁着夜色艰难地爬上海滩，

在沙子中挖一个坑，然后往里面产下大约 100 个白色的卵。海龟卵看起来

几乎和乒乓球一模一样。七到八周后，小海龟就会从卵坑里一扭一扭地爬

出来，争先恐后地回归大海了。

红腹锦鸡，中国地区

雉

如果你问世界上最俏皮的鸟是什么，雄雉肯定排得上名次。为了吸引配偶，雄性红腹锦鸡必须上演一出特别的求偶仪式：它会狂奔到雌性面前，撑开金色的羽毛形成一个遮住嘴巴的斗篷，只在上方露出一双迷人的眼睛。

雉科动物红腹锦鸡生活在幽暗多荫的森林里，许多雄雉都毛色鲜艳，尾翎修长。据说，如果雄性红腹锦鸡在太阳下待得太久，它们的羽毛可能会褪色。雌性红腹锦鸡没有那么惹眼，它们斑斑点点的棕色羽毛，在林中零零星星的光线下倒是完美的伪装，既能掩护它们，又能掩护它们的卵免得被猎食者发现。

红腹锦鸡是一种驰名世界的中国特色物种，
往往寓意着吉祥美好。

企鹅

帝企鹅可以一口气潜到 500 多米
深的水下，并且逗留 20 分钟。

帝企鹅，
南极洲地区

巴布亚企鹅，
南极周边岛屿地区

企鹅在岸上移动时一般会拖着"脚"走路，或者用肚子贴地滑行，看起来实在蠢萌。由于翅膀退化，所以它们飞不起来，不过它们可以借助鳍状的"翅膀"在海里飞快地游动，努力一下甚至还能追到鱼和磷虾。

很多人认为，企鹅大多生活在冰冷的地区。其实，企鹅中的大部分都分布在南温带。为了保暖，它们积攒了厚厚的脂肪，看起来就像穿了潜水服！帝企鹅的家是地球上最寒冷的地方——南极地区。那里有多冷？冷到企鹅必须把卵放在脚面上，再用"育儿袋"盖住才能孵化！

阿德利企鹅，
南极周边岛屿地区

非洲企鹅，
非洲南部地区

南跳岩企鹅，
南极周边岛屿地区

小蓝企鹅，
澳大利亚南部
和新西兰地区

冠豪猪，非洲地区

豪猪

咦，这里怎么有一堆长了腿的荆棘丛！
豪猪给人的第一印象就是这样。这个刺球的秘密
武器是那些名叫棘刺的、可以脱落的锋利硬毛。
受到惊吓时，豪猪会竖起棘刺，倒退着冲向
敌人，扎得对方满身都是刺。那滋味想想都疼！

豪猪的眼睛很小，视力不佳，它们主要靠嗅觉来感
知环境。夜里，它们会离开地穴，挖植物的根或者其他的
素食吃。豪猪、大白鼠，还有松鼠都属于啮齿目动物，它们
的牙齿一生都在生长。有些豪猪会收集路上发现的骨头，
通过啃咬它们来磨牙，控制牙齿长度。

豪猪会抖动身上的棘刺来吓退敌人。

山魈

雄性山魈鼻子的颜色越鲜艳，它在集体中的地位就越高。

雄性山魈拥有红蓝透紫的大花脸、毛茸茸的黄胡子和红色的屁股，可以说是地球上最花哨的猴子了。除此之外，它们也是一种个头超大的猴子。不过，你要是以为很容易见到它们，那就错了。山魈的栖息地位于茂密而幽暗的非洲雨林之中，常人在那里的视野非常有限，基本上只能听见山魈哼叫和呼朋引伴的声音。

山魈主要吃植物和小动物，因此它们的门牙虽然锋利，但大多数时候只是个摆设。它们在林地上手脚并用地游走觅食：雌性和幼崽因体格较小而可以爬树，雄性的块头太大，体重过重，所以没法爬树。

山魈，
非洲中部地区

穿山甲

有些穿山甲的爪子特别强,
甚至能挖开硬得像水泥的土壤。

以前,人们一直对穿山甲的真实身份捉摸不透,无法确定这些怪模怪样的家伙到底属于哪一类动物。但是我们现在已经知道,它们虽然看起来有点像蜥蜴,但实际上却是唯一一种长着鳞片的哺乳动物。穿山甲受到攻击时,会紧紧地蜷成一团来保护自己,它的鳞片可以起到铠甲的作用。一旦穿山甲蜷成团,连狮子都很难解开。

南非穿山甲用后腿拖着沉重的步伐行走,它们的前爪又大又有劲,能像匕首一样迅速地挖掘地洞,但是走起路来却不太方便。穿山甲没有牙齿,但是它们的舌头细长而黏糊,简直就是捞虫子吃的神器,所以它们通常会在夜晚出击觅食,撕开蚁巢,捕食其中美味多汁的晚餐。

南非穿山甲，
非洲地区

狐猴

非洲东海岸附近的热带岛屿马达加斯加是狐猴的家园。有的狐猴只有小鼠那么小，有的看起来则更有猴样。它们中的许多成员都能用长长的胳膊和尾巴保持平衡，在树上跳来跳去。环尾狐猴在其中稍显另类，它们更喜欢翘着条纹相间的尾巴在干燥的林地上奔跑。

环尾狐猴适合群居生活，每个家族大约有 30 名成员，其中有一只雌性是首领。它们集体出动，寻找多汁的水果、花和叶子吃，尤其对树上分泌的香甜液体无法抗拒。入夜之后，猴群会在树上或洞里相偎而眠。

环尾狐猴，
马达加斯加地区

雄性环尾狐猴靠臭味来决斗！它们先把尾巴放在身上有臭味腺的地方摩擦，然后挥舞尾巴熏对手。

兀鹫

有时，兀鹫竟然会因吃得太饱而飞不起来！

如果成群的兀鹫在天上盘旋，那就表明附近有动物的尸体。这种大鸟一边乘着温暖的气流在空中绕圈，一边盯着下方的地面，寻找它们钟爱的美食——死尸。兀鹫的喙很大，在和同类争抢时，硕大的喙可以帮它们迅速地撕肉碎骨，叼走最好的那部分。

许多兀鹫头部和脖颈处都光秃无毛。这也难怪，当它们把像蛇一样的脖子探进尸体时，头上如果有羽毛，肯定会沾满血，弄得狼狈不堪。此外，光秃秃的脑袋还能帮它们在过热或过冷时调节温度。人们常常觉得兀鹫很脏，可如果没有它们充当清道夫，我们的世界恐怕要比现在脏乱得多。

黑白兀鹫，
非洲北部
和东部地区

浣熊

浣熊经常会把鱼直接从水里捞上来！

看看浣熊的小脸，是不是好像戴了面具一样滑稽？这些自由散漫的哺乳动物天生一双巧手，它们既能开门，又能掀盒盖，还能伸进垃圾桶里捞东西，有些浣熊甚至会偷走人类的野餐，或者入室顺走食物！浣熊在饮食方面几乎来者不拒，找到什么就吃什么。但它们在进食前会在水中清洗食物，这就是它们名字的来由。

浣熊在加拿大和美国十分常见。过去，它们主要生活在树林和多草的地方，现如今已经有不少搬进了城镇。浣熊擅长攀爬，可以轻轻松松地飞檐走壁，潜入人类住宅的阁楼里安家。它们喜欢在夜里低吼和叽喳吵闹，所以有些人觉得这些胆大包天的家伙是祸害。

北浣熊，
北美洲地区

莱丽狐蝠，
东南亚地区

蝙蝠

很多人觉得蝙蝠像幽灵，很吓人，所以不管大人小孩都喜欢在万圣节时扮成它们的模样。实际上，蝙蝠这类动物可神奇了，是唯一会飞的哺乳动物！它们的指间、前后肢以及后肢间都长着翼膜，组成了蝙蝠的翅膀。入夜之后，吃昆虫的蝙蝠一边发出叫声，一边捕食飞蛾等昆虫。声波接触到物体后反弹回来，蝙蝠便能根据回声确定猎物的方位。

不过，并不是所有的蝙蝠都吃昆虫。例如巨大的狐蝠就喜欢吃水果，尤其是杧果和香蕉。它们在白天倒吊着睡觉，把翅膀像毯子一样裹在身上。说起来，大群的狐蝠倒吊在树枝上的场景，远远望去就像是圣诞树上的装饰物！

莱丽狐蝠的翼展可长达 90 厘米，比许多门还宽。

臭鼬

臭鼬的"臭弹"可以击中 3 米开外的目标。

看到毛茸茸的臭鼬，你可能忍不住想摸一摸。不摸不要紧，一摸吓一跳！臭鼬身上的白色条纹其实是一种警告色，如果捕食者无视警告，执意凑上前来，它们就会从尾巴下面喷出恶臭的黄色液体，对方中了"臭弹"之后可能会呕吐，甚至还会暂时失明，而且那股难闻的气味往往需要好几个星期才能消散！

臭鼬不会轻易出招，一般先是给出特别的警告，比如一边发出嘶嘶声一边跺脚，再比如摇晃白色的尾巴，或者倒立着蹦来蹦去。通常情况下，敌人都会知趣地走开。

太平洋鲑在开始归乡之旅的时候是银白色的，
旅程结束时才变成绿头红身的样子。

太平洋鲑，
太平洋地区

鲑鱼

　　鲑鱼的一生是一场漫长的旅行。小鱼苗出生在一条小溪或某个湖泊之中，大约一年之后，它们便顺流而下，游向大海。随后的几年里，它们一边捕食体形更小的鱼，一边练就强健的体魄。终于，在某个夏日，它们决定回家。

　　洄游的旅途危机四伏。鲑鱼不仅要跟河中的急流搏斗，拼尽全力跃上瀑布，还要躲避熊的猎捕。历尽劫难之后，鲑鱼才能与成千上万幸存的伙伴回到当初孵化出来的地方。接下来的任务便是产卵繁殖了。筋疲力尽的太平洋鲑在产卵之后不久便会死去。当这场不可思议的旅程画上句号时，新的轮回也开始了。

鹦鹉

如果你在雨林里看到一团鲜艳的飞行物从树叶间一闪而过，它说不定是一只鹦鹉，如果那东西还扯着嗓子大呼小叫，那就八九不离十了。鹦鹉喜欢成群结队、喧哗闹腾着飞来飞去，寻找成熟的果实吃。其中，个头最大、说话最聒噪的当属金刚鹦鹉。金刚鹦鹉拥有一个硕大的喙，既可以啄开坚硬无比的果壳，也可以轻柔地剥掉果皮。

金刚鹦鹉是世界上最聪明的鸟之一，有些甚至能学人说话！在古代玛雅人的传统神话里，就有一个高傲的金刚鹦鹉神沃卡布·卡基什。这只金刚鹦鹉试图统治世界，结果被英勇的两兄弟打败了。

金刚鹦鹉竟然吃泥巴！
谁也不清楚为什么，可能是摄取盐的一种方式吧。

短尾矮袋鼠非常稀有，
必须去澳大利亚西边的罗特尼斯岛上才能有幸见到一只。

短尾矮袋鼠

瞧，这只短尾矮袋鼠笑得多么开心！难怪人们常说它们是世界上最快乐的动物。不过，这副表情其实并不是笑，只是在我们看来很像而已。和袋鼠一样，短尾矮袋鼠也属于有袋目哺乳动物，但体型只有一只肥兔子那么大。和袋鼠不同的是，短尾矮袋鼠的爬树本领还不错。有些澳大利亚原住民管这种动物叫 gwaga，后来这个词演变成了短尾矮袋鼠的英文名 quokka。

短尾矮袋鼠主要吃植物。它们经常会把咽下的食物返回嘴里，重新咀嚼一遍。这是为什么呢？大概是为了从粗糙的树叶里挤出更多养分吧。

松鼠猴

松鼠猴的交友方式
是轮流给对方梳理毛发。

普通松鼠猴，南美洲地区

年幼的松鼠猴喜欢玩耍。蹦跳、追逐，还有抓成年猴子的尾巴玩都是它们喜爱的活动。松鼠猴的大脑相对于体格的比例是所有猴子里最大的。和人类一样，松鼠猴也通过玩耍来学习。通常情况下，住在一起过群居生活的成员约有 40 只，但有些猴群的成员甚至会超过 200 只。

松鼠猴在树冠上叽叽啾啾地说个不停时，听起来活像一群鸟。只要一只猴子发现了多汁的水果或美味的昆虫，其余的成员都会围过来。为了给其他成员指路，一只松鼠猴会把尿抹到手上，在身后留下一条"飘香"的轨迹。

山绒鼠

南美洲最高的山脉是山绒鼠的天下。山绒鼠的身子和耳朵像兔子，四肢像袋鼠，长长的尾巴又像松鼠，可是和它们亲缘关系最近的动物却是毛丝鼠。山绒鼠用后腿在岩石间跳跃，可以轻易地爬上陡峭的悬崖。

高山上面空气阴冷，狂风呼啸，所以山绒鼠长了一身非常厚实的皮毛来保暖。除此之外，上午的时候它们还喜欢闭着眼睛在太阳下，美滋滋地享受好几个小时的"太阳浴"。几百年前，印加人曾经用它们柔软的皮毛制作衣服，穿在身上。

山绒鼠经常在灰尘里打滚。这是一种很好的除虫方法！

双色鲸鹦嘴鱼，
印度洋和太平洋西部地区

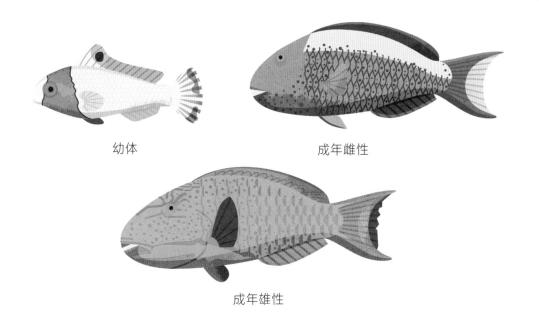

幼体   成年雌性

成年雄性

鹦嘴鱼

咔嚓，咔嚓，咔嚓……你从珊瑚礁上游过时，可能会听到鹦嘴鱼吃东西的声音。这些吃饭声音聒噪的家伙用尖尖的嘴把海藻从岩石上啃下来，然后尽情地咀嚼。因为它们在把海藻弄下来的同时，也会吞下一些脆脆的珊瑚，所以可以听见咔嚓声。珊瑚被鹦嘴鱼消化之后排泄出来，就成了沙子——嗯，许多所谓白沙滩其实就是鹦嘴鱼的大便堆！

双色鲸鹦嘴鱼的身体在幼年时呈现出橙白两色。随着年龄增长，它们逐渐变成棕色，性别也会变成雌性。不过，这还没完呢。雌性双色鲸鹦嘴鱼还会继续成长，不仅身体逐渐变成彩色，性别更是会渐渐变成雄性！

有的鹦嘴鱼会用黏液做一个睡袋过夜！

树袋熊

当你发现一只树袋熊时，它十有八九是在树杈上打盹。树袋熊每天大约有 20 个小时都在睡觉或坐着！就算醒着，它们也基本上只是攀在树上吃东西。树袋熊特别挑食，它们只吃桉树的叶子。光吃叶子提供不了多少能量，所以树袋熊老是打瞌睡。

人们常常以为树袋熊是熊科动物，但其实不是，它们属于有袋目哺乳动物，而熊是食肉目的哺乳动物。刚出生的树袋熊只有糖豆那么大，既看不见，也听不见。它们也得像小袋鼠那样，要在妈妈肚子上的"育儿袋"里生活一段时间。

树袋熊又叫考拉，在澳大利亚的一种原住民语言里，
这个词（koala）的意思是不喝水。的确，树袋熊光吃
桉树叶就能获得自己所需的大部分水分，用不着经常喝水。

树袋熊，澳大利亚东部地区

猫头鹰

漆黑的夜里，猫头鹰出来捕猎了。哪怕在最微弱的光线中，它们大大的眼睛也能觉察到各种运动。可惜这双眼睛动不了，所以要想观察不同的方向，它们就得转动整个脑袋——几乎能旋转 270°！猫头鹰敏锐的耳朵隐藏在羽毛下面，而脑袋上那两簇看起来很像耳朵的东西其实只是羽毛。

雕鸮是最大的一种猫头鹰，体长有 0.7 米。它们常常神不知鬼不觉地突然俯冲下来，抓起狐狸那么大的猎物飞走。它们的羽毛稠密而松软，飞起来悄无声息，利爪是钩形的，能够牢牢地抓着猎物飞行。

在古希腊的艺术品中，
智慧女神雅典娜常常和猫头鹰一起出现。

树懒

雨林的高处是树懒逍遥自在的乐园。它们用弯弯的爪子抓住树枝，慢悠悠地在树丛间挪动。只要像图中这样挂在一棵树上，它们就会在原地待上好几个小时。这倒不是因为懒，而是因为它们要花很长时间，才能消化掉吃进肚子的树叶和果实。

树懒科动物，比如褐喉三趾树懒，拥有厚实而蓬松的皮毛，毛上还长着绿藻、地衣，像穿着一件绿毛衣。更不可思议的是，还有一种飞蛾专门在上面安家！大约每隔一周，树懒都会到树下"长途旅行"一次。为什么？上厕所！

树懒的游泳技术好得出奇，它们能用狗刨式泳姿游过河。

131

耳廓狐，
非洲北部地区

耳廓狐是世界上最小的犬科动物之一，
只有小猫一般大小。

狐狸

故事里的狐狸往往诡计多端。真实的狐狸虽然不是那样，但它们的确拥有出众的嗅觉和听觉。一只狐狸甚至可以听见 30 米外有只老鼠在吱吱叫！

最常见的狐狸是赤狐，有些城市天黑后，说不定会有赤狐悄悄溜过街道。最小的狐狸是耳廓狐。这些小不点生活在沙漠中，披着满身能和沙地融为一体的浅色皮毛。它们纤细的小身子天生就有良好的降温功能：大得离谱的耳朵可以帮它们在烈日下散热，毛茸茸的脚掌可以隔热，防止它们在灼热的沙地上被烫伤。

兔

兔拥有长长的后腿，个个都善于奔跑。逃生的时候，它们在地面狂奔的速度高达每小时 75 千米。而全世界跑得最快的人也只有每小时约 38 千米。为了先发制人，野兔还装备了一对大耳朵，大老远就能侦察到险情。

北极兔生活在天寒地冻的北美洲北部，那里没有树木为它们提供掩护。不过，北极兔自有一套隐身的法宝：夏季时，它们的颜色是棕色或灰色；入冬后，则会变成和冰雪相称的白色，这样就不容易被捕食者发现了。北极兔的主要天敌是北极狐和雪鸮——那些家伙在冬天也会变成白色的！

**遭遇极端恶劣的暴风雪时，
北极兔会在雪地里挖一个避难所来保暖。**

鹬鸵

鹬鸵又叫几维鸟，是一种圆滚滚、毛茸茸的小鸟，因常发出几维几维的叫声而得名。它们的翅膀和尾巴都已经退化得无影无踪了，所以也被称为无翼鸟。它们不会飞，但跑得很快。鹬鸵的家乡是新西兰，它们是新西兰的国鸟。值得一提的是，它们的卵可重达自身体重的四分之一！

鹬鸵一般在夜里外出觅食。由于视力很差，它们主要依赖嗅觉和触觉来寻找蠕虫等吃。不可思议的是，鹬鸵的鼻孔长在喙的最前端，可以一边走动，一边把尖尖的喙戳进泥土，翻找和嗅探两不误。

鹬鸵虽然看起来胆小怕事，但也不是那么好欺负的。
如果被逼急了，它们就会跳起来抓伤你。

北岛褐鹬鸵，
新西兰北部岛屿地区

雄性鸭嘴兽的每条后腿上都一个锋利的毒角质距。
被它们挠一下可不好受!

鸭嘴兽,
澳大利亚南部
和塔斯马尼亚岛地区

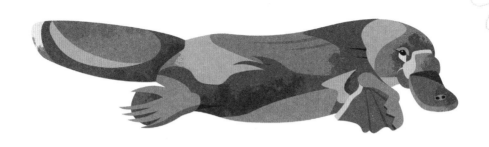

鸭嘴兽

什么动物同时拥有像水獭的身体，像鸭子的嘴和脚，还有像河狸的尾巴？答案只能是鸭嘴兽。当年，外来的人第一次在澳大利亚见到这种奇怪的哺乳动物时，有不少都以为它是假的。

鸭嘴兽坚韧的嘴，即吻是强大的扫描仪。它们的吻只要在水下来回摆动，就能探测到水面下那些生物发出的信号。泥巴里藏着蠕虫？石头下藏着虾？统统瞒不过它。成年鸭嘴兽嘴里没有牙齿，而是长着可以碾碎食物的角质磨垫。更奇特的是，哺乳动物一般都是胎生的，可鸭嘴兽偏偏是卵生的！

豹变色龙
马达加斯加地区

变色龙

变色龙拥有改变身体颜色的绝技，可以说是动物界最魔幻的成员之一了。它们用不同的颜色互相发消息，还可以用变色来调节体温。大多数种类的变色龙生活在森林里，而且都是攀爬高手。在树上活动时，它们的脚可以抓得很稳，灵活的尾巴还能缠住树枝。

变色龙还有另一件秘密武器：那就是弹弓似的长舌头。当变色龙向昆虫或蜘蛛"开火"时，原本卷曲的舌头会瞬间弹开，击中目标。只听"啪！"的一声，猎物便被变色龙黏糊糊的舌尖黏住，直接拉进了嘴里。

变色龙并不是放在任何环境下都能融入背景，
但有些的确能借助变色，
使自己在原生环境下更好地隐藏。

希拉毒蜥

你可能觉得世上根本没有怪物，可是墨西哥和美国的荒漠地带还真有一种名副其实的怪物出没。别担心，这种名叫希拉毒蜥的怪物只是一种蜥蜴。看到它们身上亮闪闪的彩色小珠了吗？那些东西其实是防咬的鳞片护甲。

希拉毒蜥时不时伸出舌头来尝尝空气，收集猎物的信息。小动物或鸟蛋是它们喜爱的美食。就像骆驼把脂肪储存在驼峰里一样，希拉毒蜥会把脂肪储存在尾巴里。这对它们的猎物来说无疑是个好消息，因为希拉毒蜥自带干粮，一年可能只用捕食五六次就行了。

希拉毒蜥，
墨西哥和美国南部地区

142

希拉毒蜥的嘴里有毒，被它们咬上一口疼得要命。
幸运的是，这点儿毒性对人来说还不至于真的要命。

细尾獴

细尾獴喜欢站着晒太阳。
它们的黑眼圈可以起到和墨镜一样的作用。

细尾獴是团队协作的典范。一个细尾獴群可能多达 40 个成员，其中大部分都是"保姆"。成年细尾獴会轮流站岗，为了获得更好的视野，哨兵们要么用后腿直立，要么爬到石头上眺望。

细尾獴拥有一套专属的语言。每一声"唧""吱""嗷""汪"都是一个词。一种"汪"可能表示天上有危险——比如鹰或隼；另一种"汪"可能是提醒大家注意地面有蛇或野狗出现。所有的细尾獴都有独特的叫声，这样就能辨认谁是朋友，谁是外人。

细尾獴，非洲南部地区

食人鲳

脂鲤科的动物食人鲳出没！河里的动物千万要当心呀！食人鲳锋利的牙齿、坚硬的颌骨和强有力的下颌，每咬一口都要使出吃奶的劲儿，可以咬破牛皮，或是咬穿 20 毫米厚的木板。这些凶猛而敏捷的小鱼潜伏在南美洲的河流里，互相之间大眼瞪小眼，仿佛在比谁更凶狠。

纳氏臀点脂鲤在河溪中成群出游，一旦猎物被咬，血腥味就会引来更多的食人鲳，数分钟内体积大于食人鲳数十倍的猎物就会被分食殆尽，只剩下骸骨。

食人鲳会像狗一样吠叫。不过，它们的声音
不是发自嘴里，而是来自肚子深处。

纳氏臀点脂鲤，
南美洲地区

厚嘴巨嘴鸟，
美洲中部地区

巨嘴鸟

阿兹特克人以为巨嘴鸟的喙是用彩虹做的，看看这张图你就知道为什么了：它们拥有五颜六色、硕大无朋的喙。你估计会担心这些家伙飞不起来，实际上，巨嘴鸟的喙两边很薄，而且里面是中空的，所以看起来很重，但实际上很轻。喙的边缘十分锋利，正好适合把果子从树上切下来。不过，吞咽就有点麻烦了。正因如此，巨嘴鸟活活练成了丛林里的杂耍演员——它们必须把食物抛到空中，然后迅速地张大嘴巴接住它，咕噜一声吞下！巨嘴鸟过的是小群体生活，它们常常在树上跳来跳去，用蛙鸣似的响亮呱呱声互相打招呼。

巨嘴鸟睡觉时会把脑袋扭向后背，
让巨嘴歇在背上。

陆龟

陆龟就是动物界的坦克。没错，这些爬行动物笨重而缓慢，不过话说回来，它们也不需要走得很快，因为它们厚厚的壳就是一面从不离身的重盾。受到威胁时，陆龟只需把头和四肢缩进龟壳，躲在里面观察情况，然后等警报解除后再出来就行了。世界各地都流传着这样一个故事：迟缓而富有耐力的乌龟，跟敏捷而轻慢的兔子赛跑，最后胜过了兔子！

　　南美洲的红腿陆龟可以长到 50 厘米长。有些岛屿上甚至还有和老虎一样重的象龟。不过，最大的龟当属中国和印度等神话里的那只——整个世界都在它的龟壳上面！

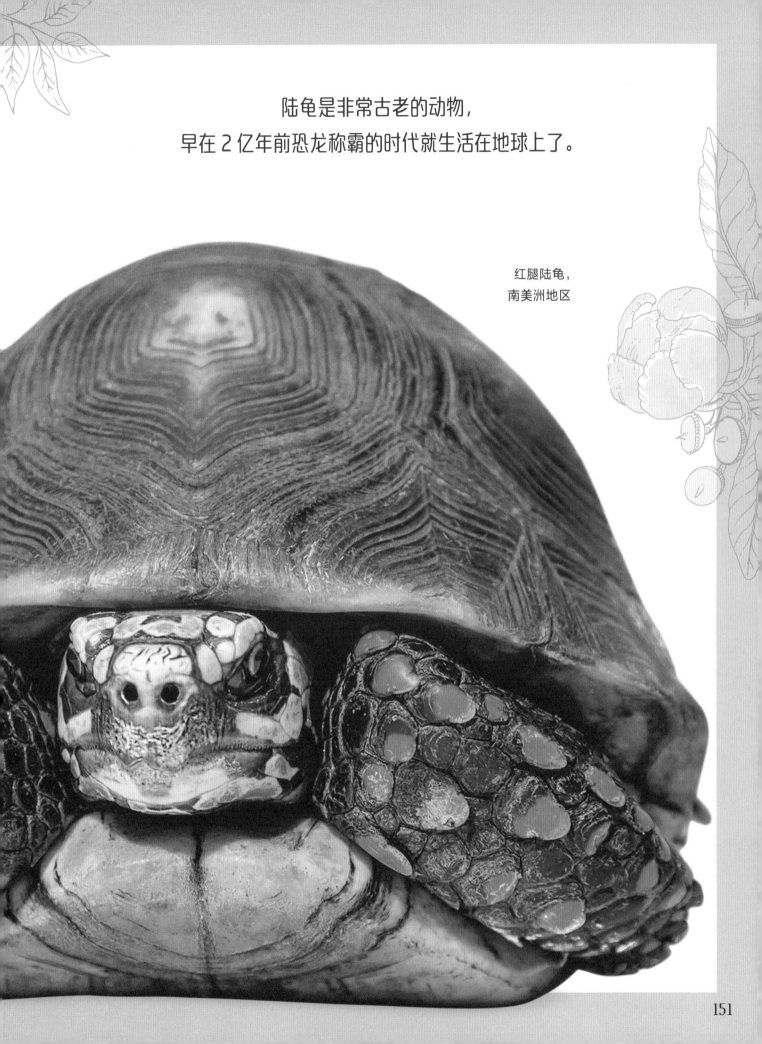

陆龟是非常古老的动物，
早在 2 亿年前恐龙称霸的时代就生活在地球上了。

红腿陆龟，
南美洲地区

蚓螈

要是以为这是一条蚯蚓，也没人会笑话你。不过，只要看看那满嘴弯曲的小牙齿，你就知道这不是蚯蚓，而是蚓螈了。蚓螈是和蛙还有蝾螈一样的两栖动物。很少有人见过这种奇怪的动物，因为它们不是在泥土下面忙着打洞，就是像鳗鱼一样在水里扭来扭去。

蚓螈既没有胳膊，也没有腿，视力也不好，有些干脆连眼睛都没长。但它们可以靠触觉和嗅觉来了解周围的情况。有些蚓螈是卵生的，但有些蚓螈可以直接产下自己的迷你版。有些蚓螈妈妈甚至会给宝宝们吃一种不可思议的大餐——自己的皮！宝宝们小口小口地啃掉妈妈的皮，然后等妈妈的皮长好之后再接着啃……

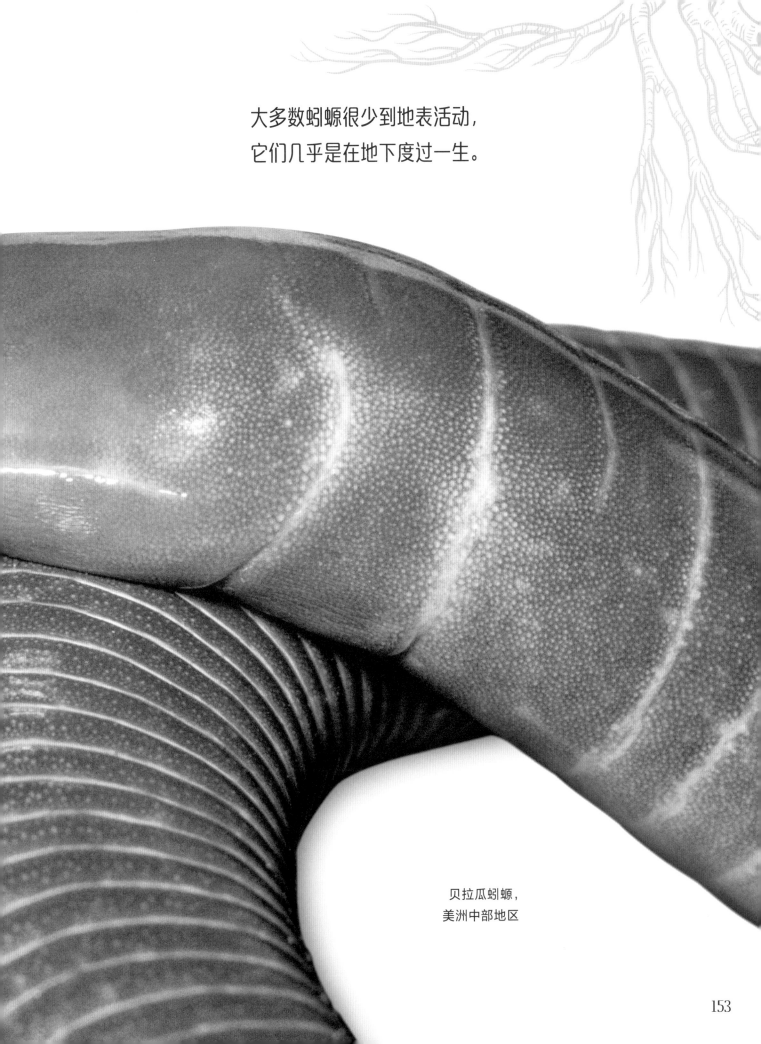

大多数蚓螈很少到地表活动，
它们几乎是在地下度过一生。

贝拉瓜蚓螈，
美洲中部地区

飞鱼

谁都知道鱼不会飞，可凡事总有例外。运气好的时候，你会在中国的沿海看到飞鱼蓝色的身体掠过海浪，在阳光下闪着银光。它们是这样"飞"起来的：首先在水里快速地摆动尾巴到极大速度，把自己推到空中，然后展开翅膀似的胸鳍乘风滑翔。这么做可不是为了好玩儿，而是为了逃离水面下的危险，比如饥肠辘辘、穷追不舍的海豚。

中国有一个叫兰屿的岛，当地人围绕这些不可思议的鱼发展出了独特的"飞鱼祭"。他们的日历上甚至有三个和飞鱼有关的季节——飞鱼到来的季节，飞鱼离开的季节，还有飞鱼消失的季节。

滑翔的飞鱼在落水前跨越的距离可达百米以上。

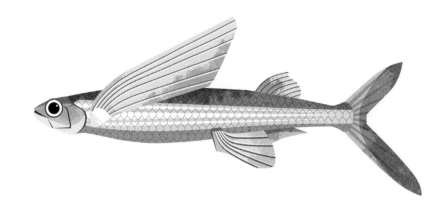

翼髭须唇飞鱼，
世界各地的热带海洋

飞壁虎，
东南亚地区

豹纹壁虎，
南亚地区

壁虎

天花板上看着你的那个小东西是什么？是不是壁虎？日落之后，许多壁虎都会出来捕食蚊虫。它们趾端"肉垫"上的上百万极细小"毛发"，可以让它们在任何物体上都具有不可思议的黏附能力，即便在光滑的玻璃或锃亮的金属表面也不会打滑，甚至还能倒挂着跑过天花板。科学家们通过研究壁虎的脚制造出了许多新材料，比如黏性超强、能让人沿墙向上爬行的布料。

有些壁虎颜色花哨，有些长着树皮似的伪装花纹。很多壁虎喜欢在夜里叽叽呱呱地叫。大壁虎响亮的叫声听起来像是在说"蛤——蚧"，所以它们又叫蛤蚧。

青蓝柳趾虎，
坦桑尼亚

大多数的壁虎都没有活动眼睑，
只能用舌头舔眼睛来保持清洁和湿润。

马加残趾虎，
马达加斯加地区

大壁虎，
南亚和东南亚地区

汉氏平尾虎，
马达加斯加地区

叶海龙，
澳大利亚地区

158

海龙

海龙是海洋里最奇形怪状的鱼类动物之一，其中的叶海龙尤其另类。与其说它们看起来像鱼，不如说它们看起来像海草。它们的肢瓣酷似摇曳的树枝，有利于伪装。不仅如此，它们还会故意像海草一样随波漂动，有时就算从捕食者旁边经过，也不会被认出来。海龙的吻像一条吸管，这个奇怪的构造特别适合吸食小虾和微小的浮游生物。

海龙是海马的近亲。和海马一样，海龙的卵也是由海龙爸爸负责照看。海龙妈妈产卵后，海龙爸爸就把大约 200 个卵放在腹部育儿囊里面随身携带，直到小海龙孵出来为止。

雄性叶海龙准备好照看卵后，尾巴会变成黄色。

大西洋海雀，
大西洋北部地区

160

海雀

入冬后，
海雀的喙会褪去彩色，变得灰不溜秋。

海雀有着五彩缤纷的喙和鲜橙色的双脚，外形十分洋气。它们鲜艳的色彩以及在陆地上走起来摇摇晃晃的样子，为它们赢得了海洋小丑的昵称。海雀生气时会把嘴巴张大，气势汹汹地踱来踱去。

大西洋海雀整个冬季都要跟风暴还有大浪角力。冬去春来后，它们回到岸上筑巢。一对海雀每窝只生一个孩子，它们的育婴房通常是新挖的鸟洞，有时候也会利用废弃的兔子洞。饥饿的小毛球长得比爸爸妈妈还胖，因为爸爸妈妈会把许多亮闪闪的鱼摆在它嘴边，让它尽情享用。

蝰鱼的牙齿是透明的，猎物几乎看不到它们。

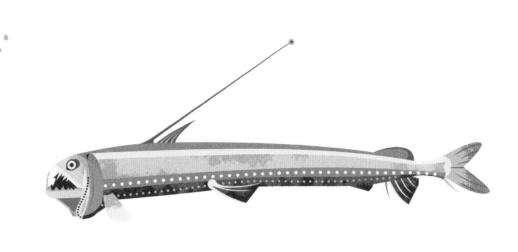

蝰鱼

深海水域像黑夜一样暗无天日。在那片幽深、阴冷的水下世界，你会看到世界上长相恐怖的鱼，其中便包括蝰鱼。蝰鱼又叫凸齿鱼，因为它们长着巨大而凸出的尖牙。

蝰鱼个个都是凶猛的猎手。除了睁着一对大眼睛搜寻猎物，它还自带发光诱饵——每条蝰鱼都有一条长长的背骨，背骨的末端有一个发光器。只要让这个发光器忽明忽暗，就能吸引虾和小鱼送上门来。在漆黑的水中，不明真相的猎物越游越近，等它们终于发现上当时，蝰鱼已经啪的一声合上了口。蝰鱼的口可以张大到十分夸张的程度，把猎物整个吞下去。

蝰鱼，世界各地海域

163

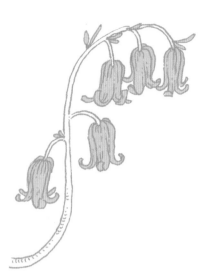

说出来你可能不信：刺猬其实会爬树。

刺猬

刺猬从头到尾都长满了棘刺，这些东西其实是特殊的被毛。和豪猪不同，刺猬的棘刺一般不会脱落。如果你凑得太近，刺猬就会蜷成一个刺球来保护自己。刚出生的刺猬是光溜溜的，短短几个小时后，棘刺就开始从它们粉灰色的嫩皮上钻出来了。

刺猬白天睡觉，天黑之后才醒来窸窸窣窣地到处找虫子吃。冬季时，它们会睡一个沉沉的大觉，这种现象叫冬眠，可能一睡就是五个月。冬眠期间，刺猬的体温会降到六摄氏度，比冰箱里面暖不了多少。

海星

海星是一种颠倒错乱的动物。它们的"眼睛"长在腕的末端，"嘴巴"长在"屁股"应该待的地方，"屁股"却长在"脑袋"应该待的地方……实际上，海星根本就没有脑袋。不知怎的，这类动物既没有脑也没有心脏，却能运动起来。它们全身上下流淌的甚至不是血，而是海水。

海星的每个腕下面都有几百个带吸盘的管足，它们可以把猎物抓住，送进嘴里。进食的时候，海星甚至能把伸缩自如的胃从身体里翻出来，消化完后再收进去！最神奇的是，哪怕海星失去了一个腕，也还可以长回来；有些种类的海星就算只剩一个腕了，也能重新长出整个身体。

网瘤海星，
大西洋西部和加勒比海地区

红棘海星，
印度洋和太平洋地区

蓝指海星，
印度洋和太平洋地区

粒皮瘤海星，
印度洋和太平洋地区

大部分海星有 5 个腕，但也有一些能长出
10 个、20 个，甚至 50 个！

红海盘车，
大西洋北部地区

棘冠海星，
印度洋和太平洋地区

珠链单鳃海星，
印度洋和太平洋地区

轮海星，
大西洋北部和太平洋地区

167

钝口螈

图中这个是地球上最奇怪的动物之一，它的名字叫美西钝口螈。

这种蝾螈的英文名字（axolotl）源自阿兹特克语，本义是水的仆人。它

是不是看起来很像怪模怪样的蝌蚪？没错，它就是一个

大蝌蚪。钝口螈和蛙都属于两栖动物，幼年时大多在

水里生活，成年后水陆两栖生活。不同的是，钝口螈

成年后仍然保持幼年的形态。对了，它们脑袋两边那些多

毛的"角"，其实是用来在水下呼吸的鳃。

野生钝口螈十分罕见，只分布在墨西哥首都墨西哥城附近的一个

湖里。钝口螈拥有一种不可思议的超能力：它们的身体受伤之

后可以重新长出来，不仅腿、眼睛、肺和尾巴可以换新，

哪怕心脏缺了一块也不是问题！

水族箱里的钝口螈往往是淡粉红色的，
而野生钝口螈大多是灰色、绿色或黑色的。

美西钝口螈，
墨西哥地区

爪哇蜂猴，
东南亚爪哇岛地区

为了保护宝宝，蜂猴妈妈用舌头把毒液涂到它们身上，
这样谁也不敢碰小家伙了。

蜂猴

看看蜂猴的大眼睛，你大概就知道它们的习性了——和猫头鹰一样，蜂猴也用大大的眼睛在黑暗中观察。蜂猴是一种行动非常缓慢的动物，一举一动都是那么优雅闲适，这么做可以节省体力。不过，动作慢并不表示它们好欺负：被蜂猴咬一口，你的皮肤可能会起疹子，会像被火烧一样发烫。蜂猴胳膊肘上的腺体可以分泌出一种油性物质，把它跟有毒的唾液混在一起，会合成更毒的毒液。

令人悲哀的是，许多蜂猴都被人类抓起来当宠物卖掉了。它们虽然看起来怪可爱的，但其实不太适合跟人类做伴。雨林才是它们最好的归宿。

蟾蜍

为了吓走捕食者，蟾蜍会吸气鼓肺胀起来，让自己显得更大。

夜里的池塘传来阵阵呱呱的大合唱。循声而去，你可能会看到一群青蛙，也可能会看到一群蟾蜍。只要看见凹凸不平、疙疙瘩瘩、布满瘰疣的皮肤，那大概就是蟾蜍了。在欧洲的故事里，蟾蜍经常作为巫婆的魔法道具出现，可是在中国古代的故事里，蟾蜍自己就是精怪。

世界上最大的蟾蜍是南美洲的蔗蟾。它们不光体形大，胃口也大得吓人。这些蟾蜍从耳朵、皮肤中分泌出乳白色的毒液，用来毒死其他动物后再吃掉。20 世纪 30 年代，人们为了遏制虫害，把几千只蔗蟾运到了澳大利亚。没想到这些家伙四处扩张，如今在全澳大利亚的数量已经达到几百万只了。原本用来灭虫的蟾蜍现在成了害虫！

蔗蟾，
南美洲地区

173

和许多飞蛾一样，
彗尾天蚕蛾只能在还是毛毛虫的时候吃东西，
变成飞蛾后就得慢慢饿死了。

彗尾天蚕蛾，
马达加斯加地区

飞蛾

开灯的时候，你可能会发现有飞蛾围着灯飞舞。有些人认为，这是因为飞蛾把灯泡发出的亮光当成了月亮的。大多数飞蛾在夜间活动，需要月亮来导航。

飞蛾有很多方法来躲避天敌的捕食，比如伪装成枯叶或鸟屎。彗尾天蚕蛾依靠两条长长的尾巴来迷惑敌人。它们的每条尾巴都差不多有铅笔那么长，受到攻击时往往只是尾巴遭殃，而身体无碍。它们是世界上最大的飞蛾之一，但寿命只有短短几天。正因如此，雄性彗尾天蚕蛾必须抓紧时间，用它们浓密的触角找到雌性交配。

鼹鼠

为了在水下收集猎物的气味，星鼻鼹会用鼻子吹泡泡，
然后把它们迅速地吸回来！

星鼻鼹，
北美洲东部地区

鼹鼠几乎一辈子都在地下生活，所以它们都是挖掘机。鼹鼠的爪子像铲子一样弯曲，十分适合在土里挖掘长长的地道。偶尔，它们也会钻出地面，把挖出来的土推到地上，堆成火山形状的小丘。

鼹鼠的眼睛几乎什么也看不见，它们主要用鼻子和"胡须"在黑暗的地道里探索。多汁的蚯蚓是它们孜孜以求的美食。星鼻鼹的鼻子周围有22条粉红色的"小触手"，是嗅探食物的利器。这种鼹鼠既能在水里觅食，也能在陆地上觅食，而且只用约0.2秒就能消灭完一餐。这个速度比任何其他哺乳动物的都快！

蜂鸟

红、橙、黄、绿、蓝、靛、紫……美丽的蜂鸟简直就是舞动的彩虹。除了缤纷的色彩，紫长尾蜂鸟等物种还有华丽的长尾巴。蜂鸟飞得很快，它们嗖地飞走，人眼几乎看不清。小翅膀每秒钟可以扇动 200 下，会像蜜蜂那样嗡嗡作响，所以人们叫它们蜂鸟。不仅如此，它们还能像直升机一样在空中悬停，甚至可以向后倒飞！

大多数蜂鸟生活在南美洲的森林里。由于飞得如此之快，它们总是饥肠辘辘，必须喝花蜜来补充体力。它们每天需要从 1000~2000 朵花里采蜜。怪不得在葡萄牙语中，蜂鸟的名字寓意着吻花者。

紫长尾蜂鸟，
南美洲地区

为了让自己有力气把翅膀扇得飞快，
蜂鸟每分钟需要呼吸 250 次左右。

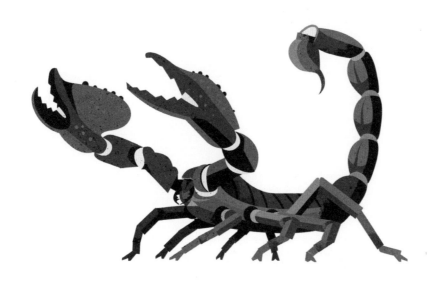

蝎子

阴影里藏着什么东西？呀，竟然是一只蝎子！外形凶神恶煞的蝎子是蜘蛛的近亲，它们长着强有力的大螯肢，弯曲的尾巴末端还有一根毒刺。遇到饥饿的捕食者时，它们可以用迅雷不及掩耳的速度把尾巴挥向对方，保护自己。帝王蝎可以长到 20 厘米长，是世界上最大的蝎子之一。大多数蝎子顶多捕食昆虫，但是帝王蝎就连小鼠和蜥蜴也会吃。

很多种类的蝎子生活在雨林里，但也有一部分生活在沙漠里。这些强悍的沙漠生存大师几乎从不喝水，有的甚至一年只吃一顿也能活下去。蝎子是最古老的陆生动物之一。

你别看蝎子妈妈让宝宝们骑在自己身上，
如果它真的饿极了，
这些宝宝也可能会变成午餐……

帝王蝎，非洲西部地区

蝉形齿指虾蛄，印度洋和太平洋地区

虾蛄

虾蛄可以看见紫外线，
就是那种能导致晒伤的光线。

千万别招惹虾蛄！蝉形齿指虾蛄有一对致命的"大锤"，这副武器平时收拢着放在它们的脑袋下，随时准备出击。当螃蟹或其他的甲壳类动物走近时，蝉形齿指虾蛄便会用子弹一样快的速度出锤，击碎它们的壳。

这种颜色鲜艳的生物还有另一个秘密武器，那就是无与伦比的视力。虾蛄的两只复眼充满了特殊的感受器，每只眼睛都能分别迅速判断自己和猎物之间的精确距离。人类必须得两眼并用才能实现同样的功能。

蝴 蝶

宽纹黑脉绡蝶拥有透明的翅膀。

如果有一只歇在这里，

你甚至可以透过它的翅膀阅读文字！

黑框蓝闪蝶，
南美洲地区

漂亮的雄性蝴蝶的翅膀是由成千上万个鳞片组成的，这些鳞片像房顶的瓦片一样叠放起来，组成五彩缤纷的颜色。黑框蓝闪蝶几乎和盘子一样大，它们在阳光下可以呈现出宝石一般闪耀的光泽。

蝴蝶的嘴巴是长长的吸管，特别方便吸食花蜜。这些昆虫大多寿命不长，往往只能活几天或几周，许多甚至一产完卵便死去了。这些卵会孵化出蠕动的毛毛虫，在狂吃增肥后做一个叫蛹的硬壳把自己包起来。在蛹的保护下，它们安心地重塑自己的身体，最后以蝴蝶的成年形态，破蛹而出。

翠鸟

翠鸟疾飞而过时，你只会看见一片模糊的绿色。逮鱼的时候，翠鸟会停在树枝上耐心地观察。凭借那对视力超群的眼睛，它们甚至能透过波光粼粼的水面，看清水里面的情况。突然，翠鸟从树上俯冲了下去，不过一两秒钟的工夫，它就叼着一条鱼回到了树上。为了不让鱼身上的鳍和鳞碍事，翠鸟吞鱼时会特地把鱼脑袋朝前地吞进去。

按照古希腊人的说法，翠鸟的巢像有魔法似的，会浮在海面上。可实际上，在水边生活的翠鸟是在河岸上挖洞来养育幼鸟的，而且这些地洞的底部会逐渐铺满鱼骨头！

并非所有的翠鸟都在水边活动。
不少种类都生活在热带森林里，
而且它们的食物不是鱼，而是蛙、蜥蜴和昆虫。

普通翠鸟，
非洲北部、欧洲和亚洲地区

187

海蛞蝓

海蛞蝓虽然长得像外星生物，但它们其实就生活在地球的海洋里。它们和生活在花园里的蛞蝓一样，也有软绵绵、湿滑滑的无壳身体。它们用黏滑的身体溜过海床，钻进珊瑚礁的缝隙之中。

类似条凸卷足海牛这样的海蛞蝓，拥有色彩斑斓的皮肤和奇形怪状的触角，看起来就像是准备参加化装舞会似的，就连它们背上分岔的肺孔开口也是五颜六色的。然而，它们鲜艳的颜色其实是一种警告："别碰我！"某些海蛞蝓的皮肤含有剧毒，足以毒死螃蟹和鱼。

海蛞蝓是雌雄同体的生物，所以它们个个都能产卵。

条凸卷足海牛，
印度洋和太平洋地区

小丑鱼用"嘟嘟""嗒嗒""砰砰"声互相交流。
这些声音有的是用牙齿发出来的。

小丑鱼

　　小丑鱼生活的地方是海洋里最丰富多彩的栖息地——珊瑚礁。要想看到小丑鱼，你得先找到海葵才行。海葵看起来有点像植物，但其实是长着许多触手的动物。它们喜欢和小丑鱼做伴，因为小丑鱼不但能给它们做清洁，还能通过游动让它们上方的海水保持新鲜。它们甚至还吃小丑鱼的粪便！不过，小丑鱼可不会无偿服务。作为回报，海葵要保护小丑鱼，不让它们被大鱼吃掉。海葵的触手上有刺，扎起来很疼，足以让大多数鱼都避而远之。而小丑鱼体表的黏液比其他鱼的厚实，所以就算在海葵的刺丛里贴身活动也能安然无恙。

眼斑双锯鱼（公子小丑鱼），
印度洋东部和太平洋西部地区

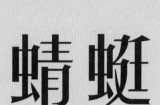

蜻蜓

　　蜻蜓形态的昆虫早在 3 亿年前就出现在地球上了，它们比恐龙的辈分还高。这些身手敏捷的飞虫拥有四个翅膀，每个都能朝不同的方向运动，所以它们在飞行时可以悬停、颠倒，甚至是后退。通常你会发现它们悬在池塘上方，随时准备嗖地一下转移到别处。

　　蜻蜓最喜欢吃其他昆虫。它们巨大的眼睛既能搜寻猎物，又能在追逐过程中锁定目标，捕猎时十次有九次成功，堪称动物界最出色的捕食者之一。

有些蜻蜓把卵产在水里。
凶猛的蜻蜓稚虫
会捕食蝌蚪和甲虫。

硕斑蜓，
非洲北部、欧洲南部和亚洲地区

193

卵

蝌蚪

幼蛙

成蛙

蛙

童话里丑陋的青蛙可以变成英俊的王子，可是你们有没有考虑过青蛙的感受！蛙科动物拥有千变万化的形态和色彩，本身就是美丽的生灵。看看五颜六色的箭毒蛙，身披迷彩、以假乱真的棱皮树蛙就知道了。棱皮树蛙可以伪装成一团绿色的苔藓。

大多数蛙科动物都要经历一个变态的过程才能长大。一开始，它们只是一团裹着果冻状外衣的小珠子——蛙卵。接着，扭来扭去的小蝌蚪从里面孵了出来，蝌蚪只能用鳃在水下呼吸。它们逐渐长出四肢，变成小小的幼蛙后，才开始直接呼吸空气。最终，当幼蛙褪去尾巴，变成成熟的形态时，它们就准备跳到陆地上了！

棱皮树蛙脚趾上的吸盘，
可以让它们附着在滑溜溜的石头表面。

棱皮树蛙，东南亚地区

蝗虫的"耳朵"不在头上，
而是藏在腹部。

沙漠蝗，
非洲和亚洲地区

蝗 虫

夏天的时候，多草的地方虫山虫海，其中有不少是蝗虫。为了吸引配偶，有的雄性蝗虫会用后腿摩擦翅膀，像拉小提琴似的奏出叽叽的乐曲。正因如此，古代中国人曾把蝗虫当奏乐的宠物养。

蝗虫的颚天生就是用来啃植物的，所以它们具有潜在的危害性。通常情况下，蝗虫各自散居，可某些种类的蝗虫会大量聚集，导致蝗灾。沙漠蝗一旦扎堆，不仅身体的颜色会从棕色变成亮黄色，胃口也会随之大增。几十亿只蝗虫组成铺天盖地的超级蝗群，可以把整片农田吃得精光，甚至连茎秆都不剩。

丽眼斑螳，
印度和东南亚地区

螳螂

某些种类的雌性螳螂一旦饥饿，
就会找机会吃掉雄性螳螂。
这么做也可以让它们有更多的体力来产卵。

螳 螂举着并拢的前足，一动不动地站在原地，仿佛雕像。它们看起来好像在祈祷，其实是在等待猎物。螳螂那对巨大、弯曲的"爪子"是强大的武器，它们能在眨眼之间飞出去，抓住攻击范围内的任何猎物。先用爪子上面像针一般锋利的尖刺钉住猎物，再把它活活吃掉。除了这件武器，螳螂还拥有非凡的视力。

为了躲避饥饿的捕食者，许多螳螂会都把自己伪装起来，不过也有一些会兵行险招：它们会举起"双臂"，让五颜六色的翅膀频频反光，警告攻击者离开。

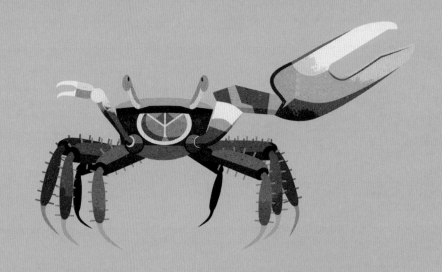

有些雄性招潮蟹的右螯更大，有些是左螯更大。

螃蟹

螃蟹能走，能跑，能游……只是一切都得横着来！由于"腿"长在身体两侧，所以对它们来说左右移动比前后移动更容易。它们的十条腿里有八条是用来走路的，另外两条前足则是用来拿东西和夹碎食物的螯。大多数种类的螃蟹几乎无所不吃，死的活的都来者不拒。

雄性招潮蟹有一只特大号的螯，一看就不是好惹的主。这只巨螯的重量甚至可以超过它们自身体重的一半！雄性招潮蟹既可以在雌性招潮蟹面前挥舞它，炫耀自己多么强壮，也可以用它当武器——其他的雄性要是敢侵犯它的海滨洞府，就等着挨揍吧！

好斗小招潮蟹，
北美洲东部地区

201

甲虫

古埃及人认为，
太阳是被圣甲虫神凯布利推着，才在天空中运动的。

光裸蜣螂，非洲地区

你可能以为陆地的统治者是大型动物，但其实甲虫才是。这些生命力顽强的昆虫不仅数量庞大，而且分布广泛。从海滩到山顶，几乎任何地方都有它们的身影——唯独海洋例外。

甲虫长着强有力的颚，植物、动物和腐物都是它们的美食。有些甲虫甚至还吃同类。总之，只有你想不到的，没有它们不吃的东西。蜣螂把体形更大的动物排出的粪便收集起来，滚成小球，然后埋到地下，留给自己的幼虫蛴螬吃。有些蜣螂是强盗，它们懒得自己搬运，直接把其他蜣螂的粪球抢过来！

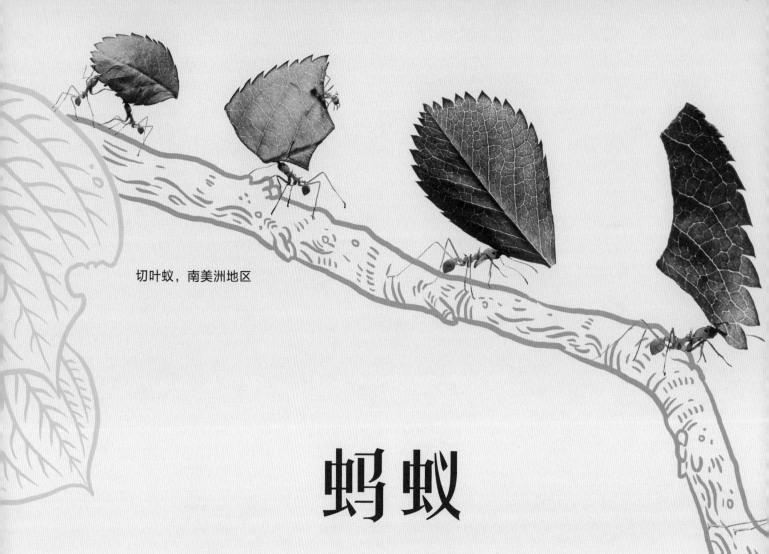

切叶蚁，南美洲地区

蚂蚁

单独一只蚂蚁实力有限，可一群齐心协力的蚂蚁却能媲美一头强大的动物。每个蚁群都由一位"女王"领导。"女王"蚁后往往拥有成千上万个工蚁来服侍她，还有许多兵蚁战士保卫她。兵蚁往往拥有明显更大的颚和毒刺，所以是整个蚁群的卫士。

蚂蚁的食性很杂。行军蚁在森林里浩浩荡荡地行军，遇到倒霉的蠕虫就围上去分食。蜜罐蚁采集花蜜，把肚子塞得圆滚滚的——澳大利亚和北美洲的原住民曾经把它们当甜品吸！切叶蚁则是安排工蚁把树叶切下来，搬回蚁巢，等叶子腐烂长出真菌之后，大家再把真菌吃掉。

工蚁　　　　兵蚁　　　　　　雄蚁　　　　　　蚁后

一座切叶蚁的蚁巢里可能有 500 万只雌性工蚁。
如果你有这么多姐妹，会是什么感觉！

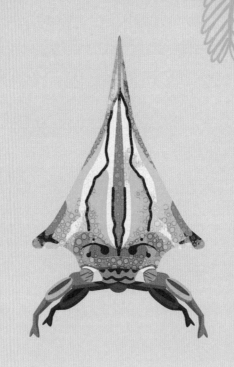

半翅目昆虫

到目前为止，人类已经发现了8万种半翅目即蝽类昆虫，而且这个数字每年还会增加。不过，并非所有的昆虫都是半翅目，符合半翅目定义的昆虫，必须有一个尖尖的刺吸式口器来吸取食物。许多种类的半翅目昆虫都是植食性动物，但也有一些是致命的猎手。

半翅目昆虫是一群令人惊奇的生物。聒噪的蝉吵得人们夜不能寐；水黾可以随时表演凌波微步；沫蝉一跃就能跳出超过自身体长100倍的距离；臭虫向敌人发射臭弹；角蝉懂得假扮成植物的尖刺……

角蝉让蚂蚁给它们当保镖。
作为回报，它们要制作"蜜露"给蚂蚁喝。

角蝉，
北美洲和南美洲地区

只有雌蜂能蜇人，
因为雄性没有毒刺。

青蜂，欧洲地区

蜂

所谓吃一堑长一智，只要被蜂蜇过，就会知道别惹它们。蜂尖锐的毒刺能够注射毒液，使我们的皮肤发痒和发热。不过，蜂不会轻易蜇刺，通常只是为了自保或者杀死猎物才会出手。某些蜂身上有黑黄相间的条纹，那是用来吓退攻击者的警告色。

小小的青蜂体长不到一厘米，身上闪耀着金属的光泽。它们的幼虫是寄生生物，会以其他活着的昆虫为食。如果把青蜂放大，你会看到它们身上布满了小凹槽。当受害的昆虫试图保护幼虫免遭青蜂的寄生而发起攻击时，这些小凹槽可以帮助青蜂防御对方的蜇刺。

孔雀跳蛛，
澳大利亚地区

孔雀跳蛛有八只眼睛，
其中两只长得特别大，足足占据了半个脑袋。

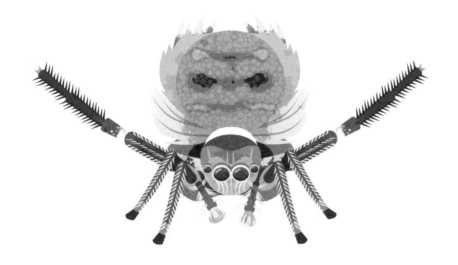

蜘 蛛

如果要你设计出一位终极猎手，你估计会给它八只眼睛、八条腿，也就是八只足和两颗尖牙吧？蜘蛛恰好就是这副模样。捕猎时，先用尖牙咬住猎物，注射毒液让对方动弹不得。接着，用黏黏的丝把猎物包起来，像一份恐怖的便当一样储存好留着以后吃……别担心，只有少数种类的蜘蛛对人类来说有危险。

小小的雄性孔雀跳蛛不但色彩鲜艳，还是杰出的舞蹈家。它们一边在空中挥动着腿，一边跳来跳去，让身上的颜色因为角度变化而闪闪发光，仿佛在随着音乐翩翩起舞。幸运的话，雌性会被它们的舞蹈打动；倒霉的话，对方可能会吃掉它们！

进化树

虽然我们已经命名了好几百万个物种，可地球上很可能还有几百万未知的物种等着我们去发现。这棵进化树直观地展示了不同动物之间的关系。树上的动物距离越近，它们的亲缘关系越近。那些在地球上存在历史最长的动物位于进化树的底部。

老虎

犀牛

猴子

穿山甲

爬行动物

如果某个动物披着角质鳞或者骨板，那它很可能就是爬行动物。这类动物的身体没有体温调节功能，所以要靠晒太阳来升温或躲入洞穴里降温。

兔子

鼠

树袋熊

蛇

鳄

龟

鸟

鱼类

这些神奇的动物能在水下呼吸，其中有些生活在咸水环境，有些生活在淡水环境。鱼类通常拥有光滑的鳞片，但鲨鱼和虹鱼的鳞片却细小而粗糙，摸起来像砂纸。

小丑鱼

鸟类

无论在天上飞，还是在地上跑，只要身上有羽毛，嘴巴是硬硬的喙，那大多都是鸟类。鸟类是恐龙的后代，它们也跟那些远古的爬行动物一样，是从硬壳卵中孵化出来的。

鲨鱼

虹鱼

海星

水母

鹿

蝙蝠

哺乳动物

哺乳动物基本都是毛茸茸的动物，就连鲸出生时也有几缕毛。哺乳动物除单孔目外都是胎生，就是母兽直接产下发育完整的幼体，并且给它们喂奶。人类属于灵长目，也是哺乳动物！

刺猬

大象

食蚁兽

犰狳

鸭嘴兽

蝾螈

蛙

两栖动物

两栖动物大多摸起来很滑，因为它们身上有一层黏液帮助它们保湿。大多数两栖动物出生在水里，而且是卵生。虽然许多成年后会到陆地上生活，但它们的活动范围从来不会离江河湖海太远。

蚓螈

蚯蚓

蜗牛

章鱼

昆虫

蝎子

无脊椎动物

扭动的蠕虫、黏滑的蜗牛、简单的海绵都属于无脊椎动物。无脊椎动物的特点之一就是没有脊椎骨形成的脊椎。它们的种类比其他任何动物的都丰富，其中一部分（比如蝎子和螃蟹）拥有盔甲似的外骨骼。

蜈蚣

海绵

螃蟹

词语表

白蚁 每个白蚁群都会用泥土或黏土建一个隐蔽的大型巢穴，里面住着成千上万个家族成员。这种小昆虫能很快地消化纤维素。

变态 动物在生长发育过程中，形态结构和生活习性方面出现一系列显著变化的现象。比如蝌蚪变青蛙，毛毛虫变蝴蝶。

濒危 是指生物在野生环境下的数量变得非常稀少。如果人类不采取必要的补救措施，濒危的生物可能会从地球上永远消失。

捕食者 是猎捕其他生物为食的生物。

哺乳动物 属于脊椎动物，大多拥有体毛和恒温的血液；除了个别物种（单孔目）是卵生之外，几乎都是胎生；雌性大多都会给幼儿喂奶。

触角 它是长在节肢动物头上的感觉器。甲壳类动物有两对触角，昆虫大多有一对。具有触觉、嗅觉，有些还有听觉器的功能。

冬眠 是指某些动物越冬时进入的深度睡眠状态，持续时间有的长达数月。

毒素 是动物用来自卫的有毒物质，往往储存在皮肤中，所以攻击者只有在接触或尝试吃掉有毒动物时才会中毒。

毒液 是动物用来自卫的有毒液体。毒液和毒素是生物保护自身的一种武器。

浮游生物 是在海洋、湖泊和池塘中随波逐流的微生物，往往小到肉眼看不见。包括藻类和桡足动物等微型动物。

钩爪 是某些捕食者用来杀死猎物的锋利弯曲的长爪。拥有钩爪的鸟类包括鸮、鹰、隼和兀鹫。

海兽脂 是指如企鹅、海豹和鲸等动物皮下厚厚的脂肪层。在极度寒冷的环境中，这层脂肪可以起到保温的作用。

海洋 是咸水构成的巨大水域。一般中心部分称为"洋"，边缘部分称为"海"。世界大洋分为太平洋、大西洋、北冰洋和印度洋。

呼吸孔 是鲸和海豚头顶上用来呼吸的孔。

花蜜 是花朵分泌出来的香甜液体，能够吸引某些昆虫、鸟类和哺乳动物访问花朵和传粉。

荒漠 长期干旱气候条件下形成的植被稀疏的地理景观。有我们熟悉的沙漠，也有处于极地冰雪地带的冰漠。

回声定位 是发出声波后利用回声判断周围物体的信息，确定自身方位和方向的方法。海豚和某些种类的蝙蝠就是用回声定位来探索世界的。

寄生生物 是在其他生物体表或体内生活的生物。它们以宿主为食，而且依赖宿主生存。蚊子、吸血蝙蝠、某些扁虫和大王花都属于寄生生物。

家畜 人类为满足肉、乳、蛋、毛皮、观赏以及役力等需要，经过长期劳动而驯化的各种动物。

菌类 一大群不含光合作用色素，以寄生或腐生方式摄取有机物质的异类性原核生物或真核生物，通常分为细菌、黏菌和真菌三大类。

圈养 是动物被人类关在笼子或动物园里，相对于野外生活的状态。

昆虫 昆虫成虫有头、胸、腹三部，大多有复眼和单眼，胸部有三对足，两对或一对翅膀，腹部无足。大多有变态发育过程。

类人猿 与人类的亲缘关系最为接近，形态结构也与人相似，它们是灵长目中除人类以外最高等的动

物。主要包含大猩猩、黑猩猩、猩猩和长臂猿等。

两栖动物　属于脊椎动物。它们通常一生的某个阶段完全在水中生活，其余时间在水陆两栖生活。它们一般从卵发育为幼虫，再从幼虫发育为成体。蛙类和蝾螈类动物就是其中典型的代表。

猎物　是被捕食者猎食的动物。

鬣毛　又称"鬃毛"。鬣毛是指狮子、斑马等动物头上或头周围呈圈状或条状分布的长毛。

鹿角　是雄性梅花鹿、马鹿等头上已经骨化的角。

灭绝　是一个物种最后的个体已经死亡，地球上再也没有同类存活时的状态。

鸟类　是脊椎动物的一个下属分类，鸟类一般有羽毛和坚硬的喙。大多数鸟会飞，所有的鸟都产硬壳卵（蛋），而且往往为这些蛋筑巢。

啮齿动物　哺乳动物中最多、分布最广的一目。上下颚各有一对锋利的门牙，会终生生长，所以要借啮物来磨短。包括松鼠、河狸、豪猪等。

爬行动物　属于脊椎动物，大多拥有鳞或甲，通常是卵生，或卵胎生。包括蛇、蜥蜴、龟和鳄鱼等。

栖息地　是动物、植物及其他生物所生活的地方。栖息地可以位于陆地上，也可以位于水中。许多物种只在单一的栖息地中生活。

迁徙　有时是指动物为了寻找新的食物或繁殖后代，而进行的一定距离的移动。有许多动物每年都要在夏季和冬季的栖息地之间往返。

软壳卵　多指鱼或两栖类动物的卵，通常产在水里，外面包有一层果冻状的物质。

鳃　是鱼、虾和某些两栖类动物在水下用来呼吸的器官。

珊瑚礁　是一种主要见于温暖浅海区域的石灰质岩礁，主要由数十亿个名叫珊瑚的微小动物的坚硬骨骼组成，是很多生物的栖息地。

生蹼　是指手指或脚趾之间有皮膜。

尸体　是死亡的动物遗体。

食草动物　只吃植物的动物。

树液　有时是指植物分泌的含糖液体，未收割前在植物的茎梗内流动，作用类似于动物的血液。

水生有壳动物　是拥有坚硬外壳的海洋动物，比如螃蟹和贻贝。

伪装　是动物利用身上特殊的颜色或图案，帮它们在生活中躲避攻击者的方式。

物种　生物分类的基本单位，简称物种。不同物种的生物在生态和形态上具有不同特点。比如狮子和猎豹就是不同物种的猫科动物。

稀树草原　是位于干旱季节较长的热带地区，以旱生草本植物为主，零散分布乔木、灌木的植被类型。又称萨瓦纳群落。

驯化　人类把野生动植物培育成家养动物或栽培植物的过程。

有袋目动物　是哺乳动物的一个下属分类，它们的新生儿十分幼小、虚弱，既没有视力，也没有听力。幼体通常要在母亲肚子上的口袋里继续发育。大多数有袋目动物生活在澳大利亚地区，但也有一部分生活在北美洲、中美洲和南美洲地区。

幼虫　一般泛指由卵孵化出来的幼体，但习惯上仅指完全变态类昆虫的幼体。

鱼类　是指脊椎动物亚门的一大类群。终生生活于水中，大多有鳞，用鳍运动并辅助身体平衡，用鳃呼吸。体温不恒定，骨骼为软骨或硬骨。

雨林　热带或亚热带暖热湿润地区的一种森林类型，由高大常绿阔叶树构成繁密林冠，多层结构，并包含丰富的木质藤本和附生高等植物。

藻　古代藻类是类似植物的低等生物，大多生活在包括海洋在内的水中。它们既可以小到肉眼看不见，也可以大到海草那么大。

沼泽　因为地面长期积水或土壤长期过湿致使土壤表层有机质堆积过多而植物养料的灰分元素缺乏的土地。

图片索引

大翅鲸，第4—5页

分类：哺乳动物

体长：约15米

虎鲸，第6—7页

分类：哺乳动物

体长：约9米

非洲草原象，第8—9页

分类：哺乳动物

肩高：约3米

湾鳄，第10—11页

分类：爬行动物

体长：最长10米

无沟双髻鲨，第12—13页

分类：鱼类

体长：约3米

长颈鹿，第14—15页

分类：哺乳动物

体高：约6米

白犀，第16—17页

分类：哺乳动物

体长（不包括尾长）：约4米

河马，第18—19页

分类：哺乳动物

体长（不包括尾长）：约4米

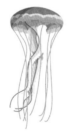

太平洋黄金水母，第20—21页

分类：水母纲

触手长度：约4米

眼镜王蛇，第22—23页

分类：爬行动物

体长：约5米

老虎，第24—25页

分类：哺乳动物

体长（含尾巴）：约4米

瓶鼻海豚，第26—27页

分类：哺乳动物

长度：约2米

狮子，第28—29页

分类：哺乳动物

体长（含尾巴）：约3.5米

海象，第30—31页

分类：哺乳动物

体长：约3米

蓝孔雀，第32—33页

分类：鸟类

体长（包括尾屏）：约2米

单峰驼，第34—35页

分类：哺乳动物

体长：约3米

驼鹿，第36—37页

分类：哺乳动物

体长：约3米

剑鱼，第38—39页

分类：鱼类

体长：约3米

北极熊，第40—41页

分类：哺乳动物

体长（不包括尾巴）：约2.5米

鸵鸟，第42—43页

分类：鸟类

体高：约2.5米

美洲狮，第44—45页

分类：哺乳动物

体长：约2.5米

平原斑马，第46—47页

分类：哺乳动物

体长：约2米

红大袋鼠，第48—49页

分类：哺乳动物

体长：约2米

雪豹，第50—51页

分类：哺乳动物

体长：约1.3米

翡翠树蚺，第52—53页

分类：爬行动物

体长：约2米

猎豹，第54—55页

分类：哺乳动物

体长：平均1.2米

大食蚁兽，第56—57页

分类：哺乳动物

体长：平均1.3米

驯鹿，第58—59页

分类：哺乳动物

体长（不包括尾巴）：约2米

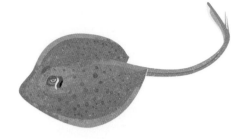

蓝斑条尾魟，第60—61页

分类：鱼类

体长：约70厘米

非洲野犬，第62—63页

分类：哺乳动物

体长（不包括尾长）：约1.5米

大熊猫，第64—65页

分类：哺乳动物

体长（不包括尾巴）：约1.5米

灰狼，第66—67页

分类：哺乳动物

体长（不包括尾长）：约1.5米

西部大猩猩，第68—69页

分类：哺乳动物

直立高度：约1.8米

奶蛇，第70—71页

分类：爬行动物

体长：约1.8米

竖琴海豹，第72—73页

分类：哺乳动物

体长：约1.5米

大角羊，第74—75页

分类：哺乳动物

体长（不包括尾长）：约1.7米

海獭，第76—77页

分类：哺乳动物

体长（不包括尾长）：约1米

海鬣蜥，第78—79页

分类：爬行动物

体长（包括尾长）：约1.5米

婆罗洲猩猩，第80—81页

分类：哺乳动物

体长：约1米

狼獾，第82—83页

分类：哺乳动物

体长（不包括尾长）：约1米

智利红鹳，第84—85页

分类：鸟类

体长：约1.3米

普通章鱼，第86—87页

分类：头足纲

体长：1.3米

小熊猫，第88—89页

分类：哺乳动物

体长（不包括尾长）：约0.6米

美洲河狸，第90—91页

分类：哺乳动物

体长：约1.2米

绿海龟，第92—93页

分类：爬行动物

体长（不包括尾长）：约1米

红腹锦鸡，第94—95页

分类：鸟类

体长（包括尾长）：约1米

帝企鹅，第96—97页

分类：鸟类

体长：约1米

冠豪猪，第98—99页

分类：哺乳动物

体长（包括尾长）：约1米

山魈，第100—101页

分类：哺乳动物

体长（不包括尾长）：约1米

南非穿山甲，第102—103页

分类：哺乳动物

体长（包括尾长）：约1米

环尾狐猴，第104—105页

分类：哺乳动物

体长（包括尾长）：约1米

黑白兀鹫，第106—107页

分类：鸟类

体长：约1米

北浣熊，第108—109页

分类：哺乳动物

体长（包括尾长）：约1米

莱丽狐蝠，第110—111页

分类：哺乳动物

翼展：约90厘米

条纹臭鼬，第112—113页

分类：哺乳动物

体长（包括尾长）：约90厘米

太平洋鲑，第114—115页

分类：鱼类

体长：85厘米

黄蓝金刚鹦鹉，第116—117页

分类：鸟类

体长（包括尾长）：约80厘米

短尾矮袋鼠，第118—119页

分类：哺乳动物

体高：约50厘米

普通松鼠猴，第120—121页

分类：哺乳动物

体长：约80厘米

山绒鼠，第122—123页

分类：哺乳动物

体长：约30厘米

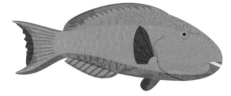

双色鲸鹦嘴鱼，第124—125页

分类：鱼类

体长：约30厘米

树袋熊，第126—127页

分类：哺乳动物

体长：约80厘米

雕鸮，第128—129页

分类：鸟类

体长：约70厘米

褐喉三趾树懒，第130—131页

分类：哺乳动物

体长：约60厘米

耳廓狐，第132—133页

分类：哺乳动物

体长：约40厘米

北极兔，第134—135页

分类：哺乳动物

体长：约60厘米

北岛褐鹬鸵，第136—137页

分类：鸟类

体长：约50厘米

鸭嘴兽，第138—139页

分类：哺乳动物

体长（包括尾长）：约60厘米

豹纹叉角避役，第140—141页

分类：爬行动物

体长（包括尾长）：约50厘米

希拉毒蜥，第142—143页

分类：爬行动物

体长（包括尾长）：约50厘米

细尾獴，第144—145页

分类：哺乳动物

体长（包括尾长）：约50厘米

纳氏臀点脂鲤，第146—147页

分类：鱼类

体长：约40厘米

厚嘴巨嘴鸟，第148—149页

分类：鸟类

体长（包括喙长）：约50厘米

红腿陆龟，第150—151页

分类：爬行动物

体长：约50厘米

贝拉瓜蚓螈，第152—153页

分类：两栖动物

体长：约50厘米

翼髭须唇飞鱼，第154—155页

分类：鱼类

体长：约40厘米

大壁虎，第156—157页

分类：爬行动物

体长：约40厘米

叶海龙，第158—159页

分类：鱼类

体长：约30厘米

大西洋海雀，第160—161页

分类：鸟类动物

体长：约35厘米

蝰鱼，第162—163页

分类：鱼类

体长：约35厘米

刺猬，第164—165页

分类：哺乳动物

体长（不包括尾长）：约20厘米

珠链单鳃海星，第166—167页

分类：海星纲

直径：30厘米

美西钝口螈，第168—169页

分类：两栖动物

体长：约30厘米

爪哇蜂猴，第170—171页

分类：哺乳动物

体长（不包括尾长）：约35厘米

蔗蟾，第172—173页

分类：两栖动物

体长：约25厘米

彗尾大蚕蛾，第174—175页

分类：无脊柱动物

体长：约30厘米

星鼻鼹，第176—177页

分类：哺乳动物

体长：约20厘米

紫长尾蜂鸟，第178—179页

分类：鸟类动物

体长：约20厘米

帝王蝎，第180—181页

分类：蛛形纲

体长：约20厘米

蝉形齿指虾蛄，第182—183页

分类：软甲纲

体长：约18厘米

黑框蓝闪蝶，第184—185页

分类：昆虫纲

翅展：约16厘米

普通翠鸟，第186—187页

分类：鸟类

体长：约16厘米

条凸卷足海牛，第188—189页

分类：腹足纲

体长：约12厘米

眼斑双锯鱼，第190—191页

分类：鱼类

体长：约11厘米

硕斑蜓，第192—193页

分类：昆虫纲

翅展：9厘米

桂皮树蛙，第194—195页

分类：两栖动物

体长：约9厘米

沙漠蝗，第196—197页

分类：昆虫纲

体长：约7厘米

丽眼斑螳，第198—199页

分类：昆虫纲

体长：约4厘米

好斗小招潮蟹，第200—201页

分类：甲壳纲

体长：2.3厘米

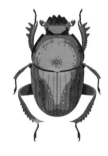

光裸蜣螂，第202—203页

分类：昆虫纲

体长：约2厘米

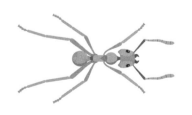

切叶蚁，第204—205页

分类：昆虫纲

工蚁体长：约1.4厘米

角蝉，第206—207页

分类：昆虫纲

体长：约1厘米

青蜂，第208—209页

分类：昆虫纲

体长：约1厘米

孔雀跳蛛，第210—211页

分类：蛛形纲

体长：约0.5厘米

感谢加里·翁布勒的摄影；科茨沃尔德野生动植物园让我们拍摄他们的动物；凯思琳·蒂斯的编辑协助；菲欧娜·麦克唐纳、艾玛·霍布森和桑尼·弗林的设计协助；杰米·安布罗斯的校对工作；伊沙尼·南迪，安维沙·杜塔和克里蒂卡·古普塔的图片研究协助；丹尼尔·朗的动物插图；安吉拉·里扎的图案和树叶插图；达尼埃拉·泰拉齐尼的封面插图。

作者简介： 本·霍尔从小就对野生动物着迷不已。他是一本野生动物杂志的专题编辑，曾为 DK 出版公司旗下的多部图书担任编辑、作者或顾问。他的两个女儿也帮忙试读了本书。

图书在版编目（CIP）数据

DK 奇妙动物大百科（英）本·霍尔著；（英）丹尼尔·朗，（英）安吉拉·里扎，（英）达尼埃拉·泰拉齐尼绘；陈宇飞译. -- 北京：中信出版社，2021.2（2024.2 重印）

书名原文：An Anthology of Intriguing Animals

ISBN 978-7-5217-2451-6

Ⅰ.①D… Ⅱ.①本…②丹…③安…④达…⑤陈… Ⅲ.①动物—儿童读物 Ⅳ.①Q95-49

中国版本图书馆 CIP 数据核字 (2020) 第 223573 号

Original Title: An Anthology of Intriguing Animals
Copyright © 2018 Dorling Kindersley Limited
A Penguin Random House Company
Simplified Chinese translation copyright © 2021 by CITIC Press Corporation
All Rights Reserved.

本书仅限中国大陆地区发行销售

DK 奇妙动物大百科

著　者：[英] 本·霍尔
绘　者：[英] 丹尼尔·朗 [英] 安吉拉·里扎
　　　　[英] 达尼埃拉·泰拉齐尼
译　者：陈宇飞
出版发行：中信出版集团股份有限公司
　　　　（北京市朝阳区东三环北路 27 号嘉铭中心　邮编　100020）
承　印：北京顶佳世纪印刷有限公司
开　本：635mm×700mm　1/16
印　张：14.5
字　数：300 千字
版　次：2021 年 2 月第 1 版
印　次：2024 年 2 月第 12 次印刷
京权图字：01-2019-7611
书　号：ISBN 978-7-5217-2451-6
定　价：158.00 元

出　品：中信儿童书店
策　划：好奇岛
审校专家：张辰亮
策划编辑：贾怡飞
责任编辑：邹绍荣
营销编辑：中信童书营销中心
封面设计：佟　坤
内文排版：谢佳静

版权所有·侵权必究
如有印刷、装订问题，本公司负责调换。
服务热线：400-600-8099
投稿邮箱：author@citicpub.com

混合产品
纸张 | 支持负责任林业
FSC
www.fsc.org
FSC® C018179

www.dk.com

原书图片来源

The publisher would like to thank the following for their kind permission to reproduce their photographs:
(Key: a-above; b-below/bottom; c-centre; f-far; l-left; r-right; t-top)
4-5 Alamy Stock Photo: WaterFrame. 6-7 Alamy Stock Photo: Mauritius images GmbH. 8-9 Alamy Stock Photo: Blickwinkel. 10-11 iStockphoto.com: 35007. 12-13 Alamy Stock Photo: Martin Strmiska. 14-15 Robert Harding Picture Library: James Hager. 16 FLPA: Tui De Roy / Minden Pictures. 18-19 Dreamstime.com: Isselee. 20 Dreamstime.com: Yiu Tung Lee. 22 Alamy Stock Photo: Matthijs Kuijpers. 26-27 Getty Images: Stephen Frink. 28 iStockphoto.com: S. Greg Panosian. 30 Alamy Stock Photo: RGB Ventures / SuperStock. 33 Fotolia: Anekoho. 34-35 Alamy Stock Photo: Stuart Forster. 36 naturepl.com: Eric Baccega. 38-39 Alamy Stock Photo: Paulo Oliveira. 40-41 FLPA: Matthias Breiter / Minden Pictures. 42-43 iStockphoto.com: Andrea Willmore. 45 Robert Harding Picture Library: Frans Lanting. 46 Alamy Stock Photo: Frans Lanting Studio. 48-49 Alamy Stock Photo: imageBROKER. 50-51 Alamy Stock Photo: Tierfotoagentur. 53 SuperStock: Pete Oxford / Minden Pictures. 54-55 Getty Images: Vittorio Ricci - Italy. 56-57 Alamy Stock Photo: Life on White. 58-59 Alamy Stock Photo: Ashley Cooper pics. 62-63 Alamy Stock Photo: Uwe Skrzypczak. 65 Alamy Stock Photo: Steve Bloom Images. 66-67 Alamy Stock Photo: All Canada Photos. 68-69 Alamy Stock Photo: John Gooday. 70-71 Alamy Stock Photo: National Geographic Creative. 70 Alamy Stock Photo: National Geographic Creative (l). 71 Alamy Stock Photo: National Geographic Creative (tr). 73 Getty Images: John Conrad. 74-75 Getty Images: Murray Hayward. 76-77 Alamy Stock Photo: Dominique Braud / Dembinsky Photo Associates. 78-79 FLPA: D. Parer &, E. Parer-Cook / Minden Pictures. 80 Getty Images: Suzi Eszterhas / Minden Pictures. 82-83 iStockphoto.com: Alphotographic. 84 Dorling Kindersley: Cotswold Wildlife Park (bl, bc, br). 85 Dorling Kindersley: Cotswold Wildlife Park (bl, br). 86-87 Alamy Stock Photo: Nobuo Matsumura. 88-89 Alamy Stock Photo: Life on white. 90-91 Getty Images: Jeff Foott / Minden Pictures. 92-93 Alamy Stock Photo: imageBROKER. 94 Alamy Stock Photo: Miroslav Valasek. 96 123RF.com: Giedrius Stakauskas (br). Getty Images: KeithSzafranski (l). 96-97 Dreamstime.com: Jan Martin Will / Freezingpictures (b). 97 Dorling Kindersley: Whipsnade Zoo (bc). Dreamstime.com: Inaras (br); Poeticpenguin (bc/Northern Rockhopper Penguin). 98-99 Dorling Kindersley: Cotswold Wildlife Park. 102-103 naturepl.com: Jen Guyton. 104-105 Alamy Stock Photo: Eric Gevaert. 109 Getty Images: Life On White. 112 Getty Images: Digital Zoo. 114 Getty Images: Roland Hemmi (cl). 114-115 Alamy Stock Photo: Design Pics Inc (t). 117 Alamy Stock Photo: Westend61 GmbH. 119 Getty Images: Kevin Schafer. 120-121 123RF.com: mirco1. 123 Alamy Stock Photo: Picture Partners. 124 Getty Images: Dave Fleetham. 127 iStockphoto.com: Estivillml. 128 Dreamstime.com: Isselee. 130-131 SuperStock: Minden Pictures. 132 123RF.com: Pumidol Leelerdsakulvong. 134 FLPA: Matthias Breiter / Minden Pictures. 137 123RF.com: Eric Isselee. 138-139 Getty Images: Joel Sartore, National Geographic Photo Ark. 142-143 Alamy Stock Photo: Matthijs Kuijpers. 148-149 Alamy Stock Photo: All Canada Photos. 150-151 Getty Images: www.tommaddick.co.uk. 152-153 FLPA: Michael &, Patricia Fogden / Minden Pictures. 154-155 Alamy Stock Photo: Robert Wyatt. 156 123RF.com: Eric Isselee (cla). Alamy Stock Photo: Image Quest Marine (tc). 156-157 Dorling Kindersley: Jerry Young (c). 158 naturepl.com: Alex Mustard. 160 Andy Morffew. 162-163 Alamy Stock Photo: Solvin Zankl. 165 Alamy Stock Photo: Andia. 166 Alamy Stock Photo: WaterFrame (clb). 166-167 Alamy Stock Photo: cbimages (c). 167 Alamy Stock Photo: Reinhard Dirscherl (clb). Dorling Kindersley: Linda Pitkin (tr). iStockphoto.com: Searsie (tl). 168-169 Alamy Stock Photo: Life on White. 170 Getty Images: """Joel Sartore, National Geographic Photo Ark""". 174-175 Alamy Stock Photo: RGB Ventures. 176-177 Getty Images: Visuals Unlimited, Inc. / Ken Catania. 178-179 Andy Morffew. 180-181 Dorling Kindersley: Jerry Young. 182 naturepl.com: Georgette Douwma. 184 123RF.com: Dmytro Gilitukha (clb); Petr Kratochvil (ca). Alamy Stock Photo: Papilio (cla). Dorling Kindersley: Jerry Young (cb/Close-up, cra). Getty Images: Helen E. Grose (ca/Wings open). iStockphoto.com: Proxyminder (cl, fclb). naturepl.com: Stephen Dalton (fcla, cb, crb, fcrb, cr). 185 123RF.com: Dmytro Gilitukha (tr); Aleksandrs Jemeljanovs (cla); Vaclav Krizek (cl); Petr Kratochvil (tc). Dorling Kindersley: Natural History Museum (ca); Jerry Young (c). iStockphoto.com: Proxyminder (cr). naturepl.com: Stephen Dalton (cra). 187 Dreamstime.com: Petergyure. 189 Getty Images: Alex Mustard / Nature Picture Library. 191 Alamy Stock Photo: Zoonar GmbH. 192-193 Getty Images: Jelger Herder / Buiten-beeld / Minden Pictures. 194-195 Dorling Kindersley: Cotswold Wildlife Park. 198-199 Getty Images: Barcroft Media. 200-201 Getty Images: Joel Sartore. 202-203 FLPA: Piotr Naskrecki / Minden Pictures. 204 Getty Images: Tim Flach (tl, tc, ca, cra). 205 Getty Images: Tim Flach (cl, b). 206-207 Alamy Stock Photo: Blickwinkel. 208-209 Alamy Stock Photo: Tomas Rak. 210-211 Alamy Stock Photo: Photononstop. 212 Alamy Stock Photo: Reinhard Dirscherl (bc/Starfish); Martin Strmiska (bl); Wildscotphotos (ca). Dreamstime.com: Musat Christian (ca/Beaver); Mikhail Blajenov / Starper (cl); Petergyure (cl/Kingfisher); Eric Isselee (cr); Yiu Tung Lee (br). Fotolia: uwimages (crb). Getty Images: www.tommaddick.co.uk (c). naturepl.com: Jen Guyton (cra). 213 Alamy Stock Photo: Arco Images GmbH (bl); Life on White (cra, c); Nobuo Matsumura (cb/Octopus). Dorling Kindersley: Cotswold Wildlife Park (cb/Frog); Twan Leenders (cb); Jerry Young (crb, clb, cb/Scorpion). Dreamstime.com: Isselee (cra); Iakov Filimonov / Jackf (tl); Javarman (tc). Getty Images: Joel Sartore, National Geographic Photo Ark (cl); Joel Sartore (bc). Cover images: Front: Alamy Stock Photo: Reinhard Dirscherl cb, Ed Brown Wildlife bl, Marco Uliana ca; Dorling Kindersley: Cotswold Wildlife Park cl; Dreamstime.com: Petergyure tl, Svetlana Larina / Blair_witch cra; Fotolia: Eric Isselee clb; Getty Images: Juan Carlos Vindas br; Andy Morffew: cr; Photolibrary: Photodisc / White cla

All other images © Dorling Kindersley. For further information see: www.dkimages.com